饲用燕麦
栽培加工关键技术研究

SIYONG YANMAI
ZAIPEI JIAGONG GUANJIAN JISHU YANJIU

孙　林　肖燕子　薛艳林　吴晓光 等/著

中国农业出版社
农村读物出版社
北　京

图书在版编目（CIP）数据

饲用燕麦栽培加工关键技术研究 / 孙林等著 . —北京：中国农业出版社，2023.6
ISBN 978-7-109-30964-7

Ⅰ.①饲… Ⅱ.①孙… Ⅲ.①燕麦－栽培技术②燕麦－饲料生产 Ⅳ.①S512.6②S816.5

中国国家版本馆 CIP 数据核字（2023）第 141125 号

中国农业出版社出版

地址：北京市朝阳区麦子店街 18 号楼
邮编：100125
责任编辑：肖　邦
版式设计：王　晨　　责任校对：史鑫宇
印刷：北京中兴印刷有限公司
版次：2023 年 6 月第 1 版
印次：2023 年 6 月北京第 1 次印刷
发行：新华书店北京发行所
开本：700mm×1000mm　1/16
印张：8.25　　插页：4
字数：166 千字
定价：50.00 元

编著委员会

资 助 项 目

1. 内蒙古自治区科技重大专项课题"燕麦新品种选育、绿色栽培技术与营养功能产品研究与示范（2021SZD0017）"

2. 内蒙古自治区科技计划项目"内蒙古东部区优质燕麦干草调制与贮藏技术研发与应用（2022YFDZ0088）"

3. 国家牧草产业技术体系（CARS－34）

4. 云南省科技厅科技计划项目"乌蒙山区燕麦提质增效与产品研发关键技术研究与示范（202003AD150016）"

5. 中国博士后科学基金项目"生态退耕的土壤保持服务效应及影响机理研究——以内蒙古阴山北麓为例（2020M683616XB）"

6. 内蒙古自治区科技创新引导奖励资金项目"呼伦贝尔地区农作物秸秆青贮饲料发酵技术研究与示范（2022CXYD006）"

7. 内蒙古自治区教育厅项目"呼伦贝尔天然牧草青贮饲料中耐低温乳酸菌的挖掘及作用机理（NJZY21238）"

8. 吉林省自然科学基金项目"吉林西部地区优质燕麦干草调制与贮藏技术研发（20230101277JC）"

9. 吉林省教育厅科学研究项目"吉林西部羊草草甸草原天然牧草青贮微生物多样性及其发酵机理研究（JJKH20230024KJ）"

燕麦草是一种优质禾本科牧草，也是世界第一大禾本科商品草。随着国家"粮改饲"政策推行和奶业振兴工程的实施，我国燕麦草种植面积呈逐年增加态势，目前95％以上的奶牛场均在使用燕麦草，市场对优质燕麦草的需求也越来越大。近年来燕麦草的种植规模不断扩大，急需高产、优质燕麦草栽培技术进行推广和指导。当前，燕麦干草加工调制工艺水平普遍较低，干草品质参差不齐，霉菌毒素、农药残留等危害因子超标现象普遍。干草调制作为草产业链中关键的一环，是能否获得优质干草的关键。干草调制加工过程中霉菌导致的腐败影响最严重，可使其整体干物质损失高达20％。霉菌在自然界中普遍存在，燕麦干草任何阶段都可能暴露于霉菌污染的环境中，所以对霉菌的监测和防控是防控霉菌毒素的基础。同时，干草调制加工过程中不良微生物导致的蛋白质等重要营养物质的损失尤为关键，不仅降低了碳氮利用率，也影响牲畜干物质采食量及反刍效率。目前，造成饲草加工过程中干物质及营养损失的特定微生物菌种不明确，关于微生物演替与饲草干物质代谢的调控网络关系尚未厘清，亟须在相关理论上有所突破。

为此，本书从综述燕麦栽培技术、青贮研究、干草调制研究进展入手，主要针对不同燕麦品种农艺性状和营养品质研究、不同燕麦品种青贮饲料营养品质及发酵品质研究、干草调制过程中燕麦草及土壤真菌群落结构研究、干草调制过程中营养品质及霉菌毒素变化规律研究等方面，介绍了相关技术研究及进展情况。探索适合高产、优质燕麦草栽培加工的关键技术，可以为优质燕麦草产品生产以及科学利用、确定和完善草产品加工质量标准体系、缓解草畜矛盾及指导广大农牧民生产实践提供理论依据；对下一步有效防控霉菌毒素污染，促进我国优质燕麦草产品生产，提高燕麦草产品品牌价值和市场占有率，带动草产业和畜产业可持续发展具有重要理论和实践意义；有利于促进我国燕麦草质量安全研究水平的提升。

著　者

2023 年 3 月

目录

前言

第一章　燕麦栽培技术研究进展

第一节　农艺性状

一、株高

株高作为牧草的主要农艺性状，是影响燕麦产量的重要因素，由其基因和环境共同决定。庄克章等（2022）研究结果表明，影响饲草高产的主要因子是株高，并且株高与产量成正相关关系，植株高更具备高产潜力。评价燕麦的生产性能其株高和干草产量是两个重要指标，折维俊等（2021）研究结果表明，燕麦在乳熟期可达到最大值的是株高和干草产量，且由于各品种间遗传特性不同，其差异明显。株高与植株抗倒伏性密切相关，培育抗倒伏饲草型燕麦品种可适当降低植株高度（刘青松等，2022）。刘夏琳等（2022）研究结果表明，在增产的同时也要考虑植株的抗倒伏性，植株越高，越易于产生倒伏的现象。

二、茎叶比

茎叶比是一项重要指标，用来评价饲草经济性状。茎叶比影响牧草的适口性和营养品质，叶片的粗蛋白含量比茎的粗蛋白含量高 1～2.5 倍，茎粗纤维含量比叶片粗纤维含量高 50%～100%，因此，茎叶比和牧草品质成负相关，茎叶比降低，叶片占比重提高，燕麦适口性越好（刘青松等，2022）。庄克章等（2022）研究结果表明，燕麦的茎叶比均值在 1.74～2.55，不同品种间茎叶比存在差异，茎叶比低，适口性则优于其他品种。植物主要通过叶片来积累光合产物，因此植物叶片含有较丰富的营养成分，燕麦叶片的多少决定着燕麦对营养成分的吸收，叶片中含量高的是 CP 和 EE，其中穗能量含量高，可作为高品质燕麦新品种重要的育种指标（姜慧新等，2021）。姜慧新等（2021）研究表明，燕麦品种主要特征参数是茎叶比，可以衡量牧草产量，植株高大、叶片多的品种，能获得较高的饲草产量。

三、分蘖数和穗粒数

分蘖指禾本科等植物在地面以下或者近地面所发生的分枝，一般在养料较为丰富和主茎较为膨大的基部处的分蘖节上长出。燕麦分蘖数量的多少与发育情况也常作为评价饲料经济情况的一个重要指标。分蘖的数量越多，则认为燕麦幼苗发育较好；若分蘖数量较少，则在生产中可以采用相关技术措施，促进燕麦分蘖的形成。燕麦出苗之后长出三片叶子时开始出现分蘖，分蘖包括有效分蘖和无效分蘖两种情况，一般燕麦的有效分蘖数为 1.8～2.3 个。本研究证明在抽穗期、开花期、乳熟期这三个物候期，甜燕 2 号的分蘖数均是四个燕麦品种中最高的，平均分蘖数高达 11.56 个。甜燕 70 在抽穗期分蘖数最少为 2.67 个。穗粒数就是每个植株穗上结籽的数量，燕麦的穗粒数与燕麦最终的产量密切相关，穗粒数增多会增加牧草的产量。本研究在三个不同的物候期对 4 个品种的燕麦进行了研究，其中三个品种的穗粒数均在乳熟期达至最高，甜燕 1 号的穗粒数在抽穗期最高。

四、产量

产量可根据株高、分蘖数、生长速率、生物量等性状指标来综合体现，是代表草地生产性能和适应性的重要指标，也是生产者所需要的最终目标（崔雄雄等，2018）。王运涛等（2018）研究结果中，燕麦干草产量受很多因子的限制，其中株高是主要影响因素，不同品种的燕麦株高介于 89.91～131.51cm，表明冀西北地区有利于燕麦生长的条件是水热条件。在作物生产过程中影响着品种产量的，正是存在于基因型与环境之间的互作效应。互作效应所产生的影响虽然远小于环境，但也是极显著的，是基因型效应的 4.02 倍（柴继宽等，2016）。针对干草产量而言，影响燕麦生长的重要因素是水分，燕麦处于生长过程中，其需水量是较大的，尤其在分蘖期至拔节期，干旱会严重影响燕麦的生长和产量指标（刘青松等，2022）。王柳英等（1998）研究表明，燕麦的生长高度、生育期时间与产量三者成正相关。

第二节　营养品质

一、粗蛋白（CP）和粗脂肪（EE）

CP 是衡量牧草营养品质的重要指标之一，对家畜是必不可少的营养成分，可以代表牧草满足家畜蛋白质需求的能力，因此燕麦饲草中的 CP 含量越高，说明其品质越好（童永尚等，2021）。EE 是主要的能源物质，可以提高牧草的适口性（折维俊等，2019）。王茜等（2019）研究结果表明，皮燕麦和裸燕麦 CP 含量基本相同，无论皮燕麦还是裸燕麦，CP 含量均随成熟期的推进而呈显著递减趋势。王彦超等（2020）研究发现，由于抽穗期处于营养生长时期，光合作用积累营养，所以抽穗期 CP 含量高，而此时由于燕麦要从营养生长过渡到生殖生长，所以营养物质向穗部转移，从而 EE 含量降到最低。燕麦中的 CP 在不同部位含量不同：叶＞穗＞茎。EE 主要作用是储蓄能量，从而使家畜顺利过冬，也可以让幼小家畜得到生长需求的必需脂肪酸；还能提高畜产品的品质和产量（徐欣然等，2021）。

二、中性洗涤纤维（NDF）和酸性洗涤纤维（ADF）

NDF 和 ADF 是植物细胞壁的代表性测量指标，一般作为衡量饲草消化能力和营养品质的两个重要指标，主要影响动物对饲草的采食率和消化率（徐欣然等，2021）。

NDF 中有纤维素、半纤维素、木质素、硅酸盐等物质，即饲料中不溶于中性洗涤剂的那部分物质；ADF 中主要有纯纤维素和酸性纤维素，即不溶于酸性洗涤剂的碳水化合物（王茜等，2019）。王茜等（2019）研究表明，ADF 和 NDF 的含量均随成熟期的推进而小范围降低。NDF 作为反刍动物的重要营养指标，能够预估饲草的潜力，促进反刍咀嚼和瘤胃发酵。NDF 的含量过高，会造成适口性差和采食量低，并且导致饲草营养价值的降低。ADF 的含量会影响家畜的消化率，ADF 含量越高，残渣越多，则家畜消化率越低，说明所食饲草品质越差（刘夏琳等，2020）。

三、可溶性碳水化合物（WSC）和木质素（ADL）

WSC 是参与植物合成和分解代谢的重要大分子化合物，包括蔗糖、葡萄糖、果聚糖等物质（罗安雄等，2018）。牧草抗逆性能力和 WSC 含量有直接关系。童永尚等（2021）研究表明，WSC 含量越高说明其抗逆性越强。WSC 是反刍动物饲料中重要的营养成分，可以为反刍动物瘤胃微生物和寄主动物提供能量，从而维持动物的胃肠道健康（王茜等，2019）。ADL 含量直接影响牲畜对牧草的消化率，其在植物体的结构和强度上具有重要作用。ADL 合成代谢过程中有许多酶基因参与调控，其调控较复杂（南铭等，2022），因而植物种类不同、组织不同，所含木质素的种类和含量也不同（梁琪，2019）。

四、钙（Ca）和磷（P）

Ca 和 P 是植株中重要的矿物质元素，对家畜的骨骼生长和发育有一定影响。Ca 是植物生长必需的营养元素之一，其影响着家畜的骨骼发育生长，可以及时补充家畜生长所需的营养元素（罗安雄，2018）。P 作为燕麦饲草的重要营养物质，以多种方式参与植物体内的各种生理和代谢过程，人们对燕麦的产量、品质、抗病虫害、耐盐碱等特性进行了大量研究，但对燕麦耐受低 P 营养的特性尚缺乏系统鉴定（邢义莹等，2015）。

第二章　燕麦青贮技术研究进展

第一节　青贮发酵原理

一、青贮原理

青贮发酵是微生物活动和生物化学变化的过程。主要是将刈割的新鲜牧草或半干的青绿饲料切碎后装入密闭青贮装置内贮存，隔绝空气，制造内部厌氧环境，微生物在厌氧条件下进行繁殖生长，将青贮原料中可溶性糖类变成乳酸，当乳酸积累到一定程度时，抑制有害微生物的繁殖，从而达到长期保存青绿饲料的目的（Thomas et al，1961）。青贮发酵过程中使 pH 降低，从而抑制有害细菌生长，最大程度保留营养成分，提高青贮饲料的利用率，有利于家畜消化吸收（刘杰等，2021）。

二、青贮发酵过程

青贮饲料发酵过程分为四个阶段：好氧阶段、发酵阶段、发酵稳定阶段和有氧暴露阶段。青贮饲料调制主要目的是保存牧草中的营养成分。青贮中微生物产生一系列发酵产物，不同的阶段会发生不同的生化反应，产生多种化学成分，从而影响青贮发酵，改变牧草的营养特性。若要研制优质的青贮饲料，应具备可提高动物生产性能、对环境无污染等条件。

三、影响青贮发酵的因素

影响青贮营养品质的因素较多，主要有牧草种植的海拔高度、原料品种、刈割时间、原料含水量、发酵温度等，控制影响青贮发酵过程的这些条件是青贮成功的关键（吴建忠等，2021）。祖晓伟等（2022）对 8 个不同玉米品种的26 个品质性状研究结果表明，植株形态建成和品质性状的选育存在显著的负相关关系，品种 16X259 可作为优质青贮饲料原料。韩红燕等（2022）研究表明，苜蓿刈割时间的选择对青贮品质有直接的影响，选择恰当的时期对苜蓿进行刈割是制作裹包苜蓿青贮的一大关键点。苜蓿生长发育分为出苗期、分枝期、现蕾期、开花期、成熟期，苜蓿青贮适宜的刈割时间为现蕾期和初花期，苜蓿在现蕾期和初花期蛋白含量高、消化率高、NDF 和 ADF 含量低；刈割时间过早，产量太低，如收割过晚，则苜蓿质量差，粗蛋白和消化率大大降低。韩红燕等（2022）研究表明，当青贮饲料水分含量达到 80% 以上时，干物质采食量大大降低，影响家畜的进食，且容易发生排汁反应，造成营养物质的大量流失。随着时间的增长，丁酸含量逐渐增加，青贮饲料的营养物质受损，适口性下降。通过研究北方高寒地区温度对苜蓿青贮的发酵品质及营养成分的影响，采用小规模双因素设计发现，随着温度的变化，乳酸菌繁殖受限制，使青贮过程延长，从而造成饲料营养损失较多、发酵品质差等问题。由此表明，探索适宜北方寒区青贮的耐低温乳酸菌制剂，对于低温环境下改善青贮营养品质、减少饲料营养损失十分重要（包锦泽等，2021）。

第二节　青贮营养品质评价

营养品质是评价青贮利用价值的重要指标之一（杨恒山等，2004）。碳水化合物和淀粉是提供能量的主要物质，对于青贮饲料的发酵特性和能值起决定性作用。WSC 是参与植株体代谢的重要物质，同时还影响牧草消化率与适口性；CP 是饲料品质鉴定的重要指标，其含量越高说明青贮品质越好；EE 是牧草储备能量的主要物质之一；NDF 含量高，牧草品质低，采食率降低，相反则提高采食率。ADF 的含量对牧草的消化率起着直接影响的作用；ADF 含量越高，青贮消化率越低，适口性越差，青贮品质劣，反之则适口性好，易于采食。优等青贮的 NDF 含量应不高于 45%，ADF 含量不高于 20%（崔彪等，2022）。

第三节　青贮发酵品质评价

青贮饲料的适口性和消化率直接影响青贮发酵成功与否。目前常用 pH、有机酸（主要包括乳酸、乙酸、丙酸、丁酸）、氨态氮（NH_3-N）的含量来评价青贮饲料发酵状况，青贮饲料发酵品质好坏的重要指标为 pH，优质青贮的 pH 一般在 3.8~4.2，如超过 4.2 则表明青贮发酵过程中腐败菌较活跃，造成异常发酵。有机酸中丁酸含量低、乳酸含量越高时青贮发酵效果越好。乙酸可以快速降低青贮的 pH，开窖后可以提高其有氧稳定，但乙酸过高会降低青贮的品质（周启龙，2021）。NH_3-N/总氮（TN）反映了氨基酸和蛋白质分解的程度，其比值越小，说明蛋白质分解越少，其质量越好；比值大则说明异常发酵，蛋白质分解多。

第三章　燕麦干草调制技术研究进展

第一节　燕麦草概况及草产业发展现状

　　燕麦（*Avena* spp.）是一种优良的一年生粮饲兼用作物，也是我国使用最广泛的冷季型禾本科牧草。燕麦饲草作为一年生优质牧草属皮燕麦（赵桂琴等，2007），在我国栽培历史悠久。燕麦草须根粗壮、茎秆直立、叶片肥厚，具有抗旱、抗寒、耐贫瘠、耐盐碱、喜阴凉、叶量丰富、产草量大、营养价值高等特性（侯龙鱼等，2019），在世界范围内分布广泛，主要分布在北纬45°—65°和南纬20°—60°的冷凉温润地区（赵世锋等，2015），例如欧洲、亚洲和北美洲等地区。在我国燕麦主要分布在东北、华北和西北等地区，其中以内蒙古、河北、甘肃、山西种植面积最大（郑鸿丹，2016）。

　　优质牧草作为奶牛养殖必需的优质粗饲料，对于维持奶牛健康体况，提高产奶量和生鲜乳质量水平发挥着重要作用。目前，奶牛养殖粗饲料成本已占到奶牛养殖成本60%～70%，燕麦草作为发展畜牧业和建设生态文明中的重要优质饲草，既可以用来制作干草，也可以用来制作青贮饲料，已成为奶牛养殖主要优质牧草之一，其需求量逐年快速增长。有文献报道，近年来，我国燕麦产业发展日趋壮大，每年种植燕麦约70万hm²，燕麦草占比近一半，即35万hm²（张悦，2020）。我国燕麦草产业发展空间巨大：一是燕麦草的营养价值和饲喂价值受到重视和认可，目前奶业市场不景气，减少了苜蓿草的使用量，而用燕麦草作为替代，促进了燕麦草市场需求增加。二是随着"草牧业""粮改饲""草田轮作"的快速推进与畜牧业的蓬勃发展，国家和地方的补贴政策的逐步实施，极大地调动了人们对燕麦饲草种植的积极性，使我国燕麦草生产区域和种植面积迅速增加。例如，燕麦草作为苜蓿倒茬轮作的首选牧草种类，仅在草都内蒙古自治区赤峰市阿鲁科尔沁旗的年种植面积就可达1.0万hm²。安徽秋实草业在河北塞北牧场、察北周边地区种植燕麦草达到1.7万hm²。甘肃现代草业公司在甘肃山丹马场2016年种植燕麦草2万hm²（侯龙鱼等，2019）。燕麦饲草生产呈现强劲发展势头。海关信息网统计数据显示，我国燕麦干草进口量由 2008 年的 0.15 万 t 增加到了 2019 年的 24.09 万 t，占总干草进口量的 15.08%，近几年呈快速增长的态势。我国正健全和完善燕麦草生产质量监督评价标准，为优质安全燕麦草产品生产提供保障，为燕麦草国产化、标准化、商品化创造有利条件。优质安全燕麦饲草的生产加工，将增强饲草贮备和供给能力，有助于推动饲草产业和畜牧业的发展。

第二节　燕麦干草调制技术的研究现状及其发展

一、干草调制概述

自古以来，人工或天然草地就是草食家畜的重要粗饲料来源（Koech et al，2016）。然而，牧草供应的季节性一直是满足动物饲料需求的一大挑战。牧草的季节性导致了家畜粗饲料供应出现过剩和短缺 2 个时期。因此，干草生产和保存作为弥补草食家畜粗饲料短缺的适应机制之一已经实践了很长时间。干草调制是保存牧草最古老和最流行的方法之一。干草调制的主要目标是在收获、储存和饲喂期间尽量减少营养物质损失的数量和质量。通常，在良好的种植和田间管理模式下，牧草在生长时积累了非常高的营养物质，但在收获、运输、储存和饲喂牲畜时往往容易失去大部分的营养物质（余成群等，2010）。刚刈割后的牧草含水量较高，细菌和霉菌容易滋生使其霉烂腐败，通过自然干燥或人工干燥的方法使刈割后的新鲜牧草迅速处于生理干燥状态，细胞呼吸和酶的作用逐渐减弱直至停止，饲草的养分分解减少。饲草的这种干燥状态防止了有害微生物对其所含养分的分解而产生霉败变质，从而达到长期保存牧草的目的，此过程即为干草调制。

二、干草调制的机理

干草调制的目标是将牧草含水量降至安全含水量以下，使干草得以安全贮藏，但牧草体内水分的散失过程中常伴随着营养物质的大量流失，因而干草调制时间越短越好。牧草的干草调制过程一般可分为两个阶段，即生理变化过程和生化变化过程（尹强，2013），两个阶段的养分变化情况见表 3-1。

表 3-1　牧草干燥过程中的养分变化

阶段	特点	养分变化		
		糖	蛋白质	胡萝卜素
生理变化过程	在活细胞中进行，以异化作用为主导的生理过程	呼吸作用消耗单糖，使糖降低，将淀粉转化为单糖、双糖	部分蛋白质转化为水溶性氨化物	初期损失极少，在细胞死亡时大量破坏，总损失量为 50%

阶段	特点	养分变化		
		糖	蛋白质	胡萝卜素
生化变化过程	在死细胞中进行，在酶参与下分解为主导的生化过程	单糖、双糖在酶的作用下变化很大。其损失随水分减少、酶活动减弱而减少；大分子的碳水化合物（淀粉、纤维素）几乎不变	短期干燥时不发生显著变化；长期干燥时酶活性加剧使氨基酸分解为有机酸进而形成氨，尤其当水分较高时（50%～55%），延长干燥时间会加大蛋白质损失	牧草干燥后损失逐渐减少；干草被雨淋则氧化加强，损失增大；干草发热时其含量明显下降

（一）生理变化过程

生理变化过程是牧草从刈割到水分降至 40% 左右的阶段，杨永林等（2005a）认为牧草在这一阶段植物细胞尚未死亡，且在一定时间内处于活性状态，一些生理活动仍在进行。此时异化作用大于同化作用，可溶性糖类物质进入分解过程，一部分淀粉转化为二糖或单糖，提供能量来维持细胞的正常活动，少量的蛋白质被分解成以氨基酸为主的氮化物等。同时旺盛的呼吸作用导致牧草温度上升，更加剧了养分的分解。在太阳照射、温度等作用下，牧草水分持续下降，直到牧草的含水量降到 40% 左右时，细胞失去恢复膨压的能力，逐渐趋于死亡。此时呼吸和蒸腾作用逐渐减弱至停止，在此过程中养分的损失量一般为 5%～10%。

（二）生化变化过程

生化变化过程是牧草含水量从 40% 降至 18% 以下的阶段，张国芳等（2003）认为牧草在这一阶段多数植物细胞已经死亡，细胞的蒸腾作用和呼吸作用相继停止。在强烈的阳光直射和体内氧化酶作用下，胡萝卜素、叶绿素和维生素 C 等大部分营养物质被破坏，单糖和双糖等可溶性糖类物质分解，蛋白质分解成氨基酸等可溶性氮化物。这个过程中淀粉、纤维等大分子碳水化合物分解较少，随水分散失和酶活性降低，生化过程逐渐减弱，营养物质分解速度减缓，直到停止（贾玉山等，2013）。

三、干草调制的方法

（一）自然干燥法

目前，常用的牧草干燥方法是自然干燥法，主要是利用太阳能和风能，刈割后就地田间干燥。在太阳的照射下，新鲜的牧草表面水分会慢慢蒸发，牧草内部的水分逐渐向表面移动，最终会达到干燥的目的。自然干燥法在我国大部分地区广泛应用（Chen et al，2008）。该方法简单方便，不需进行人工加热和排出干燥介质，但干燥的时间较长，其干燥过程和干燥程度都较难控制。主要包括地面干燥法、草架干燥法和发酵干燥法等。具体采用何种干燥方式可根据实际生产条件、规模以及要求来决定。然而，牧草经田间干燥时，太阳直射可以使牧草叶绿素、胡萝卜素、维生素等物质分解，造成叶片色泽变白，影响家畜适口性和消化率。同时，田间雨淋、空气湿度、地面湿度等会为微生物提供生长空间，致使牧草茎叶霉菌增多，会造成发霉变质或给干草贮藏增加了霉变的风险。

（二）人工干燥法

人工干燥法可大大提高干燥速度，减少营养物质的损失，但会相应提高干燥成本，且能源消耗较大，目前在国外发达国家应用较多。人工干燥法主要包括常温鼓风干燥法、高温快速干燥法和太阳能干燥法。

常温鼓风干燥法是利用加热后的空气与牧草进行热交换，实现牧草水分脱除，相比自然干燥，干燥效率提高（高东明等，2020）。热风作为干燥介质，温度相对较低。热风温度、热风速度、料层厚度以及预处理方式是热风干燥工艺中影响牧草干燥的重要因素（田伟娜，2019；王文明等，2015）。高温热风快速干燥工艺在牧草干燥生产中应用较为广泛，该干燥方式具有干燥速率快、牧草品质损失小、可以实现规模化生产等特点，应用于苜蓿、燕麦、高秆禾草等（孙庆运等，2018；王建英，2010）多种牧草的干燥生产中。在牧草高温热风快速干燥工艺中，干燥介质热风温度在 300～500 ℃ 或者更高，牧草在干燥室内停留时长为几分钟到十几分钟。与热风干燥相比，干燥速率和生产率大幅度提升，每小时干草产量可高达数吨（孙庆运，2020），降低了牧草因不及时干燥所产生的损失风险。太阳能干燥是一种通过采集太阳能的热辐射加热空气作为干燥介质，进行物料热交换的干燥方式。该方式具有清洁、环保、可再生等优点，将会成为未来干燥领域研究的重要方向之一。由于太阳能干燥提供的热空气温度较低，且热源温度变化较大，一般辅以湿法收获。苜蓿草收贮工艺研究发现，含水率 40%～45% 苜蓿草的韧性最强，捡拾过程产生的机械损失率最小，配合湿法收获工艺后，可以将收获时间从 56h 降到 5h40min，大大缩短了收获时间，降低了收获损失和雨淋霉变风险（钱旺，2012）。杜建强等（2013）根据湿法收获工艺，提出了含水率 35%～50% 时，以散草和草捆两种形式收集牧草，并将收集后的牧草投入散草厚层草仓或草捆草仓，由太阳能集热系统加热空气形成热风，吹入干燥仓实现干燥生产，散草干燥时长为 60h，草捆干燥时长为 48h，草捆（含水率 40%）干燥生产能力 3.8t/d。

（三）自然干燥的辅助方法

结合实际生产，自然干燥法具有操作简单、成本低廉的优点，但受干燥时长、天气等影响，营养物质的损失也较多。因此，在实际生产中通常用其他的干燥方式予以辅助，提高牧草的干燥速度，缩短实际干燥时间，最大限度地降低牧草营养物质的缺失。这些辅助方法主要是通过为牧草创造干燥条件，以达到加快牧草干燥的目的，如改变温度、湿度、空气流动或减小植株内部水分扩散阻力等，主要包括压扁茎秆干燥、化学干燥剂干燥及塑料大棚干燥等。

四、干草调制的关键环节

牧草的干燥过程是干草调制的重要环节，是关乎牧草产品品质的关键。延长干燥时间主要从以下几个方面降低了牧草的营养价值：①干燥期间植物呼吸作用降低可溶性碳水化合物和能量含量；②落叶导致高消化蛋白质的损失；③有害微生物代谢可溶性碳水化合物，降低牧草能量含量，并可能产生有害代谢物；④日晒漂白作用使干草的适口性降低；⑤发霉的干草可能由于潜在的毒性而对家畜的健康造成危害。因此，牧草收割后进行快速干燥是保证其品质的重要处理方式。

第三节　燕麦干草的特征

一、微生物特征

自然界存在着各种各样的微生物，牧草微生物是寄附在牧草上的微生物的统称。牧草微生物的种类繁多，它包括了微生物中的一些主要类群：细菌类中的真细菌和放线菌，真菌类中的霉菌、酵母菌和病原真菌等。刚刈割的新鲜牧草上附着各种各样的微生物，见表3-2，其中有些为好氧微生物，有些为厌氧微生物，有些为有益微生物，有些为有害微生物，大部分微生物可以降解牧草中的营养成分。据张庆（2016）报道，青贮饲料原料中的有害微生物大约为有益微生物的10倍。牧草微生物区系对牧草加工利用的安全性有重要的影响，它的形成是各种因素综合作用的结果。因此，从牧草品种、种植方式、气候条件、环境条件到牧草的收获、储藏条件、加工方法等均影响牧草微生物类群的组成及其数量。有研究表明，牧草微生物的主要来源是土壤，土壤中的微生物可以通过气流、风力、雨水、昆虫的活动以及人的操作方式，带到正在生长的牧草或已经收获的牧草上。有研究报道，在大多数条件下，新鲜的牧草中含有数百万的乳酸杆菌、大肠菌群、需氧芽孢杆菌、微球菌、链球菌、酵母菌、放线菌和霉菌，而专性厌氧菌的数量非常少（Kroulik et al，1955）。牧草表面附着微生物的种类和数量受多种因素的影响，不同牧草或同种植物生长在不同环境，其表面附着微生物的种类和数量均有差异（Kroulik et al，1955）。由于细菌和放线菌的生长需要较高的水分，所以在一般的干草贮藏中很难活动。由此可见，细菌和放线菌对正常的干草贮藏的危害作用有限。有研究表明，同一植物不同部位微生物数量不同，新鲜牧草上大部分微生物都存在于底部的叶和茎上，微生物总量 $10^5 \sim 10^9$ cfu/g（贾玉山和格根图，2013），各种菌的数量差异较大。

表 3-2　牧草中附着的主要微生物

菌种	数量（cfu/g）
好氧细菌	$>10^7$
乳酸菌	$10 \sim 10^6$
肠细菌	$10^3 \sim 10^6$
酵母菌	$10^3 \sim 10^5$
霉菌	$10^3 \sim 10^4$
梭菌	$10^2 \sim 10^3$
乙酸菌	$10^2 \sim 10^3$
丙酸菌	$10 \sim 10^3$

牧草微生物经常寄附在牧草及其制品的表面和内部。由于牧草中含有丰富的碳水化合物、蛋白质、脂肪及无机盐等营养物质，是微生物良好的天然培养基，所以一旦条件合适，牧草微生物可以分解其中的有机物质，使之变质、霉腐，因而使牧草出现变色、变味、发热、生霉等症状。这些异常症状的出现，都是在牧草微生物的侵害下其品质发生劣变的反映。牧草微生物不仅可以导致牧草霉变，而且有的还可以产生毒素污染，严重影响家畜饲料的安全性。例如，有研究表明，大肠杆菌、丁酸菌、霉菌等有害微生物可利用牧草的有机质产生丁酸和氨类物质，造成牧草蛋白质和能量的大量损失（Ghosheh et al，2004）。

二、真菌群落特征

自然界的真菌约有 10 万种。其中包括酵母菌、霉菌、病原真菌和其他一些高级真菌。真菌与植物是一种相互依存的共生关系，在不同条件下，真菌与植物的相关关系和功能是不同的。对牧草贮藏直接相关联的是酵母菌和霉菌。

（一）酵母菌

酵母菌是芽生单细胞体的真菌，是天然的发酵剂，属于兼性厌氧菌，是人类文明史中被应用得最早的微生物。大多数酵母菌的菌落特征与细菌相似，菌落表面光滑、湿润、黏稠。据对酵母菌的分析，在粮食上约有 20 个属包括酵母菌和拟酵母菌。在高水分的密闭仓的粮食中常有酵母菌的活动，但粮食常规储藏中酵母是附生微生物，所以它对储粮的害处也是极为有限的（岳晓禹，

2009）。冯克宽等（1997）研究认为，酵母菌对饲料蛋白质的提高有积极的促进作用，在 pH＝5 时可合成大量蛋白质，在 pH 为 4～5 时合成蛋白质较少。有关牧草表面附着的酵母菌的危害文献报道有限，有待进一步研究。

（二）霉菌

能引起有机物质霉腐的真菌统称霉菌。霉菌是习惯的俗称，并非分类学名称。霉菌具有一般真菌的典型特征，是丝状菌，而且用孢子进行繁殖。据报道，粮食上分离出来的霉菌约 200 种。其中曲霉属就有 26 种，青霉属 67 种，毛霉目 30 种。此外还有毛壳菌属和丝梗孢目 15 属。据相关资料统计，大概有 30 余种霉菌和 210 余种霉菌毒素对饲料行业产生危害（何啸峰，2017）。霉菌生长繁殖能力极强，在水分、温度和营养物质等条件具备的情况下快速繁殖，从附着物上吸取繁殖和自身新陈代谢所需要的营养物质，导致饲草营养成分不同程度地降低，同时不断分泌多种复合酶分解饲草中蛋白质、淀粉等营养物质，并产生大量的热量，使饲草中的纤维素、蛋白质、脂肪和碳水化合物发生变性。在湿度和温度较高的情况下，会发生霉变和腐败现象（单伶俐和刘斌，2017；王士芬和乐毅全，2005）。危害最严重的而又普遍的是曲霉、青霉及镰孢菌。李树等（2006）研究发现，干草贮藏过程中微生物引起的热害会造成蛋白质、可溶性碳水化合物以及含氮物质的损失和粗纤维消化率的下降。同时，霉菌新陈代谢过程会产生毒素，对牲畜和人都十分有害。有研究表明，作物在收获时就会被真菌污染，其原因是土壤中广泛存在镰刀菌孢子，作物在收获时不可避免地会接触到土壤（王旭哲，2019）。这些被污染的作物中的真菌还会在贮藏过程中大量繁殖。

三、霉菌毒素特征

霉菌毒素是产毒霉菌次级代谢产物，在青绿牧草、干草和青贮饲料中普遍存在（Binder，2007；Richard，2007；Vila-Donat et al，2018），是造成饲草品质损失的重要影响因素之一（Nguyen et al，2017）。目前已知的霉菌毒素超过 300 种，但其中只有 5 种（黄曲霉毒素 B_1、脱氧雪腐镰刀菌烯醇、玉米赤霉烯酮、伏马菌素和赭曲霉毒素 A）受到欧盟动物饲料立法的管制（Zachariasova et al，2014）。2019 年上半年全球饲料及原料霉菌毒素污染分析报告指出：多种霉菌毒素混合污染是目前全球实际生产中最常见的情况。被检测的 3 843 个样品中，平均每个样品污染 5.64 种霉菌毒素，阳性检出率高低顺序依次为脱氧雪腐镰刀菌烯醇（74.16％）、玉米赤霉烯酮（66.80％）、总黄曲霉毒素（23.19％）、烟曲霉毒素（14.96％）、萎蔫酸（5.59％）；家畜采食受霉菌毒素感染的饲料后，不仅会对自身健康产生不利影响，毒素经体内的生物转化还会残留在畜产品中，间接威胁着食品安全和人类健康。反刍动物较单胃动物对霉菌毒素具有更强的耐受性（敖志刚和陈代文，2008），但并不代表反刍动物可以将所有种类的霉菌毒素通过生物转化而代谢成完全无毒的产物。Bryden（2012）研究发现，玉米赤霉烯酮（ZEN）、脱氧雪腐镰刀菌烯醇（DON）、伏马毒素（FB）、赭曲霉毒素（OTA）、黄曲霉毒素（AFT）是饲草产品及原料中普遍存在的主要霉菌毒素。

从饲草料到牛奶的转化过程，一些霉菌毒素有很高的转化率，这可能是导致人类摄入霉菌毒素的原因之一（Fink-Gremmels，2008）。Greco 等（2019）研究表明，易感的动物和人类因霉菌毒素引发的疾病多种多样。黄曲霉毒素具有强毒性、高诱变性和强致癌性；玉米赤霉烯酮具有生殖毒性和免疫毒性，会导致家畜不育、初产奶牛受孕率降低等。Liu 和 Wu（2010）研究表明，由黄曲霉毒素引起的肝癌发生率逐年增加，高达 28.2%。脱氧雪腐镰刀菌烯醇是潜在的蛋白质合成抑制剂，会影响动物机体的免疫功能，家畜接触毒素后对传染病的敏感性增强（Mansfield et al，2005）。饲草料中多种霉菌毒素共存现象普遍，不同毒素间的协同作用增强了毒性（Grenier and Oswald，2011；周建川等，2018）。霉菌毒素间的相互作用表现为：多种霉菌毒素混合污染时会产生协同性和相加性，使得毒素作用增强，进而增大危害性。实验表明，单独使用 AFB1，或者联合使用 FB1 饲喂大鼠，30d 以后检测数据表明，这 2 种毒素在大鼠的生长发育和生理生化指标的改变中发生了联合毒性作用，表现相加性（孙桂菊等，2005）；在协同效应中，2 种霉菌毒素共同污染产生的毒害作用大于各种毒素单用时的毒害作用总和，根据实验证明饲喂自然霉变饲料产生的毒理反应大于饲喂纯化的毒素（Trenholm et al，1994；易中华和吴兴利，2009）。Tessari 等（2006）研究证明，同时添加 AFB1 和 FB1 浓度为 200 μg/kg 处理组与单独使用 FB1 处理组相比，肉鸡的体重和抗体水平会出现更大幅度的降低，同时内脏器官也表现出更严重的病变，即两者毒素的协同作用对肉鸡的危害更大。同时也有学者指出，一种无毒害作用的毒素可使具有毒害作用的毒素表现出更强的毒害作用，即增效效应（Bacon et al，1996；杨晓飞，2007）。

（一）玉米赤霉烯酮

玉米赤霉烯酮（ZEA）是由几种镰刀菌（禾谷镰刀菌、三线镰刀菌和串珠镰刀菌等）产生的雌激素类代谢产物。裴世春等（2018）研究表明：玉米赤霉烯酮是一种相对分子质量为 318u 的白色晶体，熔点高达 164～165℃，耐热性极强，120℃下持续加热 4h 未见其分解，不溶于水、四氯化碳和二硫化碳，能够溶于氯仿。在高水分玉米、发霉的干草或颗粒饲料中禾谷镰刀菌检出率较高（Ogunade et al，2018）。玉米赤霉烯酮在世界各地普遍存在于玉米及其制品、其他谷物如大豆、小麦、大麦、燕麦、高粱以及干草当中。高湿度、低温度（11～14℃）或中温度（27℃）有利于 ZEA 的产生（Ogunade et al，2018）。王怡净等（2002）试验得出，玉米赤霉烯酮具有较强的基因毒性、发育毒性和免疫毒性，对机体肿瘤的形成具有促进作用。玉米赤霉烯酮对动物危害极其严重，能够致使家畜繁殖功能紊乱甚至死亡，对畜牧业发展具有重要影响（杨新宇等，2017）。由于反刍动物瘤胃微生物里的原生动物可以将 ZEA 降解为羟基代谢物 α 和 β 玉米赤霉烯醇，因此，反刍动物不易遭受 ZEA 的毒害（Kennedy et al，1998）。美国 FDA 没有对奶牛饲料中的 ZEA 做限定。然而欧洲对家畜饲料的 ZEA 含量限定为 500 g/kg（Ogunade et al，2018）。2002 年，农业部第 193 号公告明确规定玉米赤霉醇禁用于所有食品动物，所有可食动物不得检出。2010 年卫生部发布的《食品中可能违法添加的非食用物质名单（第四批）》中明确将玉米赤霉醇列入非食用物质。我国《饲料卫生标准》（GB 13078—2017）中规定的植物性饲料原料的玉米赤霉烯酮限量标准为≤1 mg/kg。

（二）脱氧雪腐镰刀菌烯醇

脱氧雪腐镰刀菌烯醇（DON）可引起猪的呕吐，故又名呕吐毒素。呕吐毒素一般在谷物如小麦、大麦、燕麦、玉米中含量较高。主要由禾谷镰刀菌、雪腐镰刀病菌、黄色镰孢菌、梨孢镰刀菌、粉红色镰刀菌、三线镰孢菌产生。Rodrigues 和 Naehrer（2012）经过 3 年时间，从来自全世界范围的 7 049 份饲料样品中检测到 DON 存在的样品占比为 59%，平均浓度为 1 104μg/kg。荷兰奶牛日粮中大麦和玉米原料易感染 DON，大麦和玉米青贮饲料中 DON 浓度分别为 854 和 621μg/kg，最大检测浓度为 3 142 和 1 165μg/kg（Driehuis et al，2008）。中国、南美洲、加拿大和许多欧洲国家的调查显示，燕麦、大麦和小麦的污染水平超过 50%，平均浓度高达 9mg/kg（陈文雪，2018）。

DON 是青贮中最常见的真菌毒素之一，浓度非常高（Cogan et al，2017）。呕吐毒素对人和动物均有很强的毒性，能引起人和动物呕吐、腹泻、皮肤刺激、拒食、神经紊乱、流产、死胎等。有明显胚胎毒性和一定致畸作用，可能有遗传毒性。鉴于呕吐毒素毒性强烈，危害巨大，国际癌症研究机构将呕吐毒素列为 3 类致癌物（刘鹰昊，2018）。

反刍动物对呕吐毒素具有一定的抗性，一些瘤胃微生物能将 DON 转化为无毒的形式（Kemboi et al，2020；Marczuk et al，2012）。在欧洲成年反刍动物日粮中 DON 的限量指导水平为 5mg/kg（Ogunade et al，2018）；美国 FDA 规定的奶牛日粮中 DON 的建议水平为 5mg/kg，而肉牛日粮 DON 建议水平为 10mg/kg（Ogunade et al，2018）。2017 年我国新颁布的国家标准《饲料卫生标准》（GB 13078—2017）规定，饲料原料和饲料成品中植物性饲料原料中不得超过 5mg/kg，犊牛、羔羊、泌乳期精料补充料中不得超过 1mg/kg，其他精料补充料不得超过 3mg/kg，猪配合饲料不得超过 1mg/kg，其他配合饲料不得超过 3mg/kg。鉴于 DON 对饲料的巨大危害，精确检测食品和饲料中 DON 的含量对畜牧业发展和人类身体健康都具有深远意义。

（三）伏马菌素

伏马菌素由几种镰刀菌如轮状镰刀霉菌、层生镰刀菌、花腐镰孢产生（Bennett and Klich，2003）。Yazar 和 Omurtag（2008）研究发现，伏马菌素已有超过 28 种不同形式，被分为 A 类、B 类、C 类和 P 类。其中在饲料污染方面伏马菌素 B（FB1）被认为毒性最大（Ogunade et al，2018）。FB1 主要由层生镰刀菌和轮状镰刀霉菌产生。国内外学者在玉米、大麦、燕麦、坚果等各种农作物中发现了伏马毒素的污染。伏马毒素是饲料霉菌毒素最常见的一种毒素，对家畜来说，伏马毒素的危害最普遍。在美国、欧洲和亚洲收集的 7 049 份家畜饲料中，有 64% 的样品中检测到伏马毒素存在，平均含量为 1 965μg/kg（Rodrigues and Naehrer，2012）。有研究表明，反刍动物瘤胃微生物可以降解伏马毒素，但牛的日粮中伏马毒素含量达 1 000μg/kg 时，对牛的肾脏产生毒害（Mathur et al，2001）。Loi 等（2017）研究表明 FB1 是潜在的致癌物质。美国 FDA 建议泌乳奶牛日粮中伏马毒素的限量不超过 15mg/kg，对其他饲养的动物建议限量为 30mg/kg，对于饲养 3 个月后要屠宰的牛建议日粮伏马毒素的限量为 60mg/kg（Ogunade et al，2018）。欧盟对于成年反刍动物的日粮伏马毒素限量建议为 50mg/kg（Ogunade et al，2018）。我国《饲料卫生标准》（GB 13078—2017）中规定的植物性饲料原料的伏马毒素的限量标准为 ≤ 60 mg/kg。

（四）赭曲霉毒素

赭曲霉毒素是由疣状青霉、赭曲霉、黑曲霉等产生的次级代谢产物（Gallo et al，2021）。赭曲霉毒素 A（OTA）是一种叶绿素异香豆素，有致癌性、免疫毒性，限制葡萄糖代谢。在瘤胃中 OTA 可以被大量快速降解为低毒的代谢物 Ochratoxin-α（Fink-Gremmels，2008）。这一结果解释了反刍动物耐受 OTA 的主要原因。OTA 也可被代谢为 Ochratoxin C。含有 OTA 毒素的日粮的生物有效性随着日粮中谷物比例的增加而增大，可能是由于其能预先降低瘤胃液 pH 为 5.5～5.8（Pantaya et al，2016）。家畜采食过量的 OTA 会导致超出瘤胃的解毒能力，导致牛奶产量下降，毒素也会转移到牛奶中（Yiannikouris and Jouany，2002）。目前牛奶中检出赭曲霉毒素的情况很少，暂时还没有对生鲜乳中的赭曲霉毒素 A 进行限量规定。我国《饲料卫生标准》（GB 13078—2017）中规定的植物性饲料原料的赭曲霉 A 限量标准为 ≤ 100μg/kg。

（五）黄曲霉毒素

黄曲霉毒素是由黄曲霉菌、寄生曲霉菌和诺曼曲霉（*Aspergillus nominus*）等真菌通过聚酮途径产生的有毒、致突变和致癌的二氟香豆素衍生物（Bennett and Klich，2003）。黄曲霉毒素的自然形态 B1 和 G1 以及它们的二氢衍生物 B2 和 G2 因适应温度和湿度的范围广而广泛存在于食物和饲料原料中（Tulayakul et al，2005）。黄曲霉毒素 B1（AFB1）是主要毒素，也是毒性最强的，由产毒黄曲霉菌产生的天然致癌物。Rodrigues 和 Naehrer（2012）研究表明收集的 7 049 份家畜饲料样品中，有 33％的样品中检测到黄曲霉毒素，平均浓度达到 63μg/kg。部分 AFB1 可以被瘤胃微生物降解生成黄曲霉毒醇（Ha et al，2010）。在人类易感的动物中，黄曲霉毒素被细胞色素酶 P-450 代谢为 8-黄曲霉毒素和 9 环氧化物，这两种物质毒性、突变性和致癌性更强，通过与 DNA 结合形成加合物对染色体构成损伤（Ogunade et al，2018）。AFB1 在肝脏中通过羟基化转化为 AFM1（Wu et al，2009）。在牛奶中，AFB1 被分泌为 AFM1（Battacone et al，2005）。由于 AFB1 和 AFM1 属于一类人类致癌物，所以被黄曲霉毒素感染的牛奶和奶制品是对人类健康最大的威胁之一。饲料中黄曲霉毒素转化到牛奶里的比例是 1‰~6‰（Ogunade et al，2018）。黄曲霉毒素是唯一得到政府立法在饲料和奶制品中限量的霉菌毒素。美国 FDA 建议的液体全奶和饲料原料的黄曲霉毒素检出限量分别为 0.5μg/kg 和 20μg/kg（Ogunade et al，2018）。然而欧洲对于液体全奶和饲料原料的黄曲霉毒素检出限量分别为 0.05μg/kg 和 20μg/kg（Ogunade et al，2018）。我国《饲料卫生标准》（GB 13078—2017）中规定的植物性饲料原料的黄曲霉毒素 B$_1$ 的限量标准为≤30μg/kg。

四、化学成分特征

燕麦干草是奶牛喜食的主要饲草之一，它具有一定的甜味，散发的气味促使奶牛具有采食欲望，其适口性佳。同时，燕麦干草营养丰富，含有丰富的纤维素和过瘤胃蛋白，氨基酸成分优良，能够有效促进瘤胃反刍（郑鸿丹，2016）。燕麦干草纤维物质中可消化纤维比例高，家畜采食后经瘤胃微生物发酵可形成甲烷、挥发性脂肪酸和二氧化碳等代谢产物，既可以为家畜提供能量，而且参与机体的代谢活动并形成畜产品；同时，燕麦草中的纤维物质还可调节家畜的采食量，使家畜产生饱腹感；可以刺激反刍动物的瘤胃壁，促进瘤胃蠕动和正常反刍；反刍动物食用纤维还能维持瘤胃正常生理功能与健康（宋磊，2020）。

（一）燕麦干草蛋白质营养特性

粗蛋白质含量的多少影响着牧草的品质，燕麦干草粗蛋白质含量通常在

7.8％～18.5％，高于青贮玉米、羊草及其他作物秸秆，但低于苜蓿干草（李志强，2013）。李志强（2013）研究表明国产燕麦草抽穗期、乳熟期和开花期的粗蛋白含量分别为15.5％，13.1％和10.8％。NRC指出燕麦干草CP值高于9％，必需氨基酸占比达1/3（贺忠勇，2015）。品种、生育期、刈割次数等的因素都会影响到燕麦干草粗蛋白质的含量（桑丹等，2010）。在一般的情况下，抽穗期的燕麦干草CP含量最高，随后逐渐下降（马春晖，韩建国，2000），由此可知，若想生产出高质量的燕麦干草，就必须严格依照生育期进行及时收获，加之此时蛋白含量接近甚至要高于澳大利亚进口燕麦干草，因此，生产出蛋白含量高的燕麦干草对于减少我国蛋白类饲料的进口，满足奶牛对蛋白营养需求、降低牧场养殖成本具有重要的实际意义。燕麦干草的粗蛋白质在瘤胃中的降解率高于青贮玉米，可以提供较多的过瘤胃蛋白。与苜蓿干草的粗蛋白质含量相比较来说，虽然燕麦干草粗蛋白质含量明显低于苜蓿干草，但是因为其较高含量的过瘤胃蛋白，所以在提高牛奶中所含的乳蛋白率方面发挥了非常重要的作用。除此之外，燕麦干草所含的氨基酸量也较高。燕麦干草含有丰富的氨基酸，且精氨酸（Arg）、组氨酸（His）、异亮氨酸（Ile）、亮氨酸（Leu）、赖氨酸（Lys）、蛋氨酸（Met）、苯丙氨酸（Phe）、色氨酸（Trp）、苏氨酸（Thr）和缬氨酸（Val）这10种必需氨基酸的含量在粗蛋白中的比例达35％（Council，1998）。

（二）燕麦干草各类碳水化合物的营养特性

碳水化合物作为反刍动物日粮中能量的重要来源，通常在日粮中占60％～70％，其功能是为瘤胃微生物和动物提供能量，同时维护肠道健康。其中结构性碳水化合物（SC）和非结构性碳水化合物（NSC）是碳水化合物的两种表现类型。就二者所含的化学成分而言，淀粉、果糖和蔗糖是非结构性碳水化合物（NSC）的主要组成成分，而中性洗涤纤维（NDF）及果胶是结构性碳水化合物（SC）的主要组成部分。

非结构性碳水化合物作为奶牛日粮中重要的能量来源，发挥了积极的作用。NRC指出，燕麦干草有丰富的非结构性碳水化合物，利于瘤胃发酵，进而产生丙酸，对于提高产奶量及牛奶中乳蛋白率方面发挥了显著的作用（周瑞，2016）。可溶性碳水化合物WSC是牧草重要的贮藏成分，对于反刍家畜来说，WSC是最容易利用的能量来源（裴彩霞，2001），WSC含量与牧草自身抗逆性和再生性密切相关。WSC作为禾本科类牧草的能量贮备，比豆科牧草的WSC含量要高。有研究表明，燕麦在抽穗期和开花期时的WSC含量较高，且WSC含量与CP含量之间不存在相关关系（裴彩霞等，2002）。燕麦干草水溶性碳水化合物含量高于苜蓿干草（贺忠勇，2015），瘤胃微生物降解WSC释放能量，维持反刍动物的能量需求。马晓刚等（2004）研究结果显示燕麦草中粗脂肪含量在 2.72% 以上，品质优良的进口燕麦干草粗脂肪最高可达 4.00% 以上，脂肪氧化可为动物机体提供能量。就泌乳净能来说，燕麦干草（为 1.10MJ/kg）与苜蓿干草（1.19MJ/kg，干物质基础为 90.3%）含量较相近。潘美娟等（2012）分别采用 3 组不同比例的燕麦干草和羊草（1：0、1：1、0：1）日粮进行短期的人工瘤胃发酵，试验结果表明，前 2 组（有燕麦组）的产气量及 DM 降解率明显较后者（无燕麦）高。

白廷军等（2015）通过对国产优质燕麦干草的测定，结果表明：燕麦干草 NDF 含量为 46%～64%，ADF 含量为 28%～35%。燕麦干草柔软具有韧性，NDF 消化率介于 45%～55%（贺忠勇，2015），木质素含量低于苜蓿干草（李志强，2013），表明燕麦草有更多的可利用纤维来刺激瘤胃消化功能，促进营养物质的吸收，进而增加干物质采食量。王亮亮等（2011）研究了燕麦青干草、东北羊草、苜蓿干草对奶牛的生产性能的影响，试验结果表明，燕麦干草因含有较高的有效纤维含量，可显著提高牛奶乳脂率。

五、主要产毒霉菌

镰刀菌属、曲霉菌属、青霉菌属、葡萄球菌属和头孢菌属等是引起饲草料产量和品质下降的主要微生物（Cheli et al，2013；Nguyen et al，2017）。Sumarah 等（2005）研究发现加拿大干草和半干青贮中青霉属、镰刀菌属和曲霉菌可能通过真菌孢子或真菌毒素对反刍动物产生有害的影响。Mansfield 和 Kuldau（2007）研究表明，青贮饲料可能含有复杂的霉菌毒素混合物，这些霉菌毒素主要来自收获前的镰刀菌属真菌污染，以及收获后曲霉属真菌和青霉属真菌产生的真菌毒素污染。Brien 等（2008）研究了裹包饲草青贮表面可见的真菌生长斑块，分离到最常见的真菌种类是青霉菌属，其次是地丝菌属、裂褶菌属、镰刀菌属和毛霉菌属。Schenck 等（2019）在瑞典和挪威的 124 个农场调查了裹包饲草丝状真菌和真菌毒素含量及其与化学成分的关系，研究结果表明：调查的所有农场的裹包饲草都含有真菌，其中 100 个农场的裹包饲草中检测到真菌毒素存在。同时从裹包饲草的表面分离出的真菌种类最多的是青霉菌属。Buckley 等（2007）报道，曲霉属黄曲霉菌和寄生曲霉菌等代谢产生黄曲霉毒素等代谢物，镰刀菌属禾谷镰孢菌代谢产生玉米赤霉烯酮和脱氧雪腐镰刀菌烯醇等代谢物。因此，曲霉属和镰刀菌属是饲草料中普遍存在，需要重点关注的产毒霉菌。

六、霉菌生长和产毒能力影响因素

霉菌及其毒素在牧草田间生长、调制加工、贮运过程皆可产生（史莹华等，2006a）。我们应该从饲草料的生长、收获、加工、运输、贮藏和采购等各个环节来预防和控制霉菌增殖，以期最大限度地减少霉菌毒素的污染。Keith 等（1998）研究结果表明，镰刀菌属通常与凉爽和过于潮湿的生长季节有关；牧草贮藏时，如水分含量大于 15%，真菌污染更严重。Mansfield 等（2005；2008）研究了气候条件和农艺措施对宾夕法尼亚州乳制品生产地区霉菌毒素污染的影响，发现特定生长阶段的天气条件会影响青贮玉米饲料中霉菌毒素的含量，玉米青贮饲料中 DON 浓度与日平均温度、最低气温和生长期（抽穗、吐丝、乳熟）成正相关，DON 浓度与雨季的日平均降水量成负相关。Reyneri（2006）研究表明，导致黄曲霉毒素积累的主要气候条件是高温、少雨和严重的干旱胁迫。Storm 等（2008）研究结果表明，真菌可在收获前或收获后阶段侵入、定植和产生真菌毒素。Eckard 等（2011）使用回归模型证实了延时收获加剧毒素污染的已知作用，以及土壤中作物残茬附着可存活一年以上的镰刀菌对真菌毒素污染的贡献。一般来说，环境条件如过多的水分、极端温度、湿度、虫害和一些农艺措施使田间植物易于发霉，从而决定真菌毒素污染的严重程度（Teller et al，2012）。Alonso 等（2013）在综述中指出，饲草中霉菌生长和产毒能力受到非生物和生物因素及相互作用的影响，例如，受真菌种群的入侵、宿主植物的易感性、环境因素（温度和可利用水分等）和农业生产体系等因素的影响。同时 Alonso 等指出，不同的生产和储存方式对青贮饲料中真菌和真菌毒素有显著影响。Cheli 等（2013）报道，根据已有文献的结果可知，青贮前和青贮后样品之间的霉菌毒素含量的相关性并不总是很高，因此，在青贮前就应该开始实施预防措施。马燕与孙国君（2016）检测到青贮原料含有 3 种霉菌毒素，预测霉菌毒素可能来自青贮原料在田间生长过程，或收割及加工过程中受到霉菌毒素的污染。Baholet 等（2019）研究显示：霉菌毒素的产生取决于多种因素，包括温度、水活度和基因型。Skladanka 等（2013）研究表明防控饲草霉菌毒素污染应该从生产源头入手。长期储存的饲草料上没有霉菌也不能保证其不含霉菌毒素（Baholet et al，2019）。有研究表明，谷物最容易污染霉菌的阶段是收获期，如谷物不能及时晾干入库，每克玉米外部黄曲霉菌孢子数会迅速增加，并迅速增殖产生霉菌毒素（胡兰，2001；石庆楠，2017）。因此，霉菌毒素污染是一个棘手的问题，需要农业技术和科学界的共同关注。综上所述，对于饲草原料霉菌及其毒素的积累规律及影响其产生的条件因素研究显得尤为重要。

第四节 微生物检测技术与生物信息学分析

早期霉变和轻微霉变不易察觉，但有经验的人可以从干草的色泽、干草捆内温度及水分的微小变化及时发现予以处理。因此早期预测霉变发生，对干草安全贮藏有重要意义。如果认为干草发热才是霉变开始是错误的，实质上此时是霉变进一步发展而非开始阶段。干草霉变时常常会出现发热现象，但如果干草捆为低密度草捆，且通风良好，能量能够及时散发，而不大量积累，干草虽已严重霉变，也可不出现发热现象。因此，测温方法的灵敏度和准确性不能完全确保干草安全贮藏。

微生物检测对牧草微生物危害的早期预测有着非常重要的意义。虽然有多种方法可以利用，但大都存在操作技术复杂、检测周期长等弊端，至今很少在干草生产企业等部门推广应用。国内外常用的微生物检测方法主要可分为传统和现代的检测方法。传统方法现在仍然被广泛采用，其特点是检测费用低，准确性好，但通常检测周期长。这类方法主要包括：稀释平板计数法、直接显微镜计数法等。其中，稀释平板法是我国牧草中检测微生物的国家标准方法。

20 世纪 90 年代以来，分子生物学技术逐渐引入微生物群落结构的研究领域，随着霉菌各种功能基因或保守序列资源的不断增加，分子鉴定方法会越来越多地应用到科研实践中。

一、高通量测序技术

与传统分离培养方法相比，现代分子生物学方法具有数据量大、灵敏度高等优点，能够更加全面地揭示环境中的微生物群落多样性。燕麦干燥过程是一个复杂的生化过程，伴随着多种微生物群落的不断演替，微生物数量大，只有应用分子生物学方法才能更好地了解干燥过程中各种微生物的群落组成及其对于燕麦干草营养的降解作用。目前对于微生物群落的研究方法主要包括变性梯度凝胶电泳、克隆文库、荧光定量 PCR 以及高通量测序技术等。本研究主要关注高通量测序技术。

高通量测序技术（High throughput sequencing）又被称为下（新）一代测序技术（Next generation sequencing，NGS），可对 PCR 扩增产物直接进行序列测定，每次分析所得的基因序列数多达几十万到几百万，比常规的分子生物学方法具有明显的优势，能够全面和准确地反映环境微生物群落物种组成和相对丰度（张庆，2016）。高通量测序的平台主要有罗氏（Roche）公司的 454 焦磷酸测序平台，Illumina 公司的 Miseq/Hiseq 测序平台以及美国应用生物系统（ABI）公司的 SOLi D system 测序平台等。高通量测序技术拥有极高的通量，运行一轮能产生 500Mb 至 600Gb 的数据量，随着测序深度增加，结果更加准确，弥补了 Sanger 法测序的高成本且通量信息小等缺点。Illumina 及 454 测序平台应用较为广泛。其中，MiSeq 测序技术在分析样本群落的丰富度和均匀度上更可靠，成本更低。

高通量测序技术首先采用带有接头和 barcode 序列的特异性引物，通过

PCR 扩增富集目标基因，其中接头用于与探针结合，barcode 序列用于识别不同的样品。纯化回收得到的目标基因 PCR 产物后进行定量，保证测序时每个样品 PCR 产物量相同，将所有样品 PCR 产物混合后上机测序。Illumina 公司的 Miseq 平台测序核心技术是微阵列芯片技术，桥式扩增目标序列片段（Bridge PCR），以及可逆性末端终结（Reversible terminator）法。在 DNA 合成过程中，通过添加 3′羟基末端可被化学切割基团保护的碱基，它只容许每个循环掺入单个碱基，用激光扫描反应板表面，读取每条模板序列第一轮反应所聚合上去的碱基种类，之后，将这些化学基团切割，恢复 3′端黏性，继续聚合第二个核苷酸。如此继续下去，直到每条模板序列都完全被聚合为双链，实现数百万个碱基大规模平行测序。

高通量测序原始序列需要进行处理后才能应用于生物信息学分析中。首先进行的是正向读长和反向读长的拼接，用于拼接的工具比较多，主要有 Usearch fastq ＿ mergepairs、FLASH 和 PANDASEQ 等（Edgar，2010；Magoc and Salzberg，2011）。然后是序列质控——去除低质量序列，接头以及引物序列。得到的有效序列需要生成 OTU 表，并进行物种注释，目前有 4 款软件能用于高通量测序的全面分析包括 mothur、UPARSE、QIIME 以及 RDP（Caporaso et al，2010；Edgar，2013）。结合高通量测序技术，细菌 16S rRNA 基因，真菌的 18S rRNA 基因和 ITS 基因已广泛应用于环境微生物多样性的研究中，从而揭示环境样品中微生物群落的演替及组成差异。

近年来，高通量测序技术已成为现今最流行的测序技术，被广泛地应用于土壤（Zhang et al，2016）、肠道（Qin et al，2012）、瘤胃（McCabe et al，2015）、沼液（Neher et al，2013）及沼气（Jaenicke et al，2011）等环境样品中微生物菌群及其功能多样性分析。值得注意的是，高通量测序技术在青贮微生物多样性研究方面的报道也越来越多。Li 等（2015）通过 Illumina MiSeq PE300 platform 研究发现，添加微藻提高了五节芒的青贮品质并改变了青贮中细菌菌群构成。Li 等（2021）利用 PacBio 单分子实时测序技术（SMRT）研究贮藏温度对燕麦青贮过程中细菌群落的影响，研究发现，蒙氏肠球菌是优势菌种，戊糖乳杆菌、雷氏乳杆菌和蒙迪乳杆菌可能与青贮温度的差异导致的发酵产物的变化有关。Chen 等（2020）利用高通量测序技术研究耐低温乳酸菌接种剂对燕麦青贮发酵特性和细菌群落的影响，结果表明，在青贮过程中接种耐低温乳酸菌可以促进发酵，重建细菌群落，从而更好地保存高湿度燕麦青贮营养物质。Wang 等（2021）采用高通量测序技术研究了黑麦草和苏丹草附生微生物区系对燕麦青贮特性和微生物群落的影响，结果表明，燕麦和苏丹草上的附生菌群促进了燕麦青贮的异发酵模式，这与乳球菌（*Lactococcus*）、魏氏乳杆菌（*Weissella*）和乳杆菌（*Lactobacillus*）的丰度和代谢密切相关。

Wang 等（2021）也利用高通量测序技术研究了北方荒漠草原家庭农场全株玉米青贮的微生物群落、代谢产物、发酵品质及有氧稳定性，结果表明，较高的细菌多样性有助于代谢产物的积累，广泛的真菌多样性提高了有氧稳定性。

二、生物信息学分析

生物信息学是建立在分子生物学的基础上的，以计算机为工具对生物信息进行储存、检索和分析的科学，在高通量大数据分析中发挥重要的作用。高通量数据生成 OTU 表，实现物种注释后就可以进行生物信息学分析，主要包括 α 多样性分析（Alpha diversity）、β 多样性分析（Beta diversity）、物种进化树构建、显著物种差异分析、菌群与环境因子之间的关系以及 $16S\ r\ RNA/ITS$ 功能基因预测分析等。

（一）高通量测序结果检测

高通量测序结果检测：①原始序列（Raw tags）统计：Mi Seq 测序得到的是双端序列数据，首先根据 PE reads 之间的 Overlap 关系，将成对的 Reads 拼接（Merge）成一条序列，根据序列首尾两端的 Barcode 和引物序列区分样品得到有效序列，并校正序列方向。②有效序列（Effective tags）统计：去除非特异性扩增片段，片段长度过短的序列，模糊碱基（Ambiguous）和嵌合体（Chimera）序列后得到有效序列。③稀释曲线（Rarefaction curve）分析：从样本中随机抽取一定数量的序列，统计这些序列所代表的物种数目，并以序列数与物种数来构建曲线，用于验证测序数据量是否足以反映样品中的物种多样性，并间接反映样品中物种的丰富程度。在一定范围内，随着测序条数的加大，若曲线表现为急剧上升则表示群落中有大量物种被发现；当曲线趋于平缓，则表示此环境中的物种并不会随测序数量的增加而显著增多。稀释曲线可以作为对各样本测序量是否充分的判断，曲线急剧上升表明测序量不足，需要增加序列条数；反之，则表明样品序列充分，可以进行数据分析。

（二）微生物多样性分析

1. OTU（Operational taxonomic units）分析

在系统发生学研究或群体遗传学研究中，为了便于进行分析，人为给某一个分类单元（品系、种、属、分组等）设置的同一标志。根据不同的相似度水平，对所有序列进行 OTU 划分，一般情况下，如果序列之间的相似性高于 97％就可以把它定义为一个 OTU，每个 OTU 对应一种代表序列。

2. Alpha 多样性（Alpha diversity）分析

Alpha 多样性反映的是单个样品物种丰度（Richness）及物种多样性（Diversity），有多种衡量指标：Chao1、Ace、Shannon 和 Simpson。Chao1 和 Ace 指数衡量物种丰度即物种数量的多少。Shannon 和 Simpson 指数用于衡量物种多样性，受样品群落中物种丰度和物种均匀度（Community evenness）的影响。相同物种丰度的情况下，群落中各物种具有越大的均匀度，则认为群落具有越大的多样性，Shannon 指数值越大，Simpson 指数值越小，说明样品的物种多样性越高。

覆盖率（Coverage）：其数值越高，则样本中物种被测出的概率越高，而没有被测出的概率越低。该指数反映测序结果是否代表了样本中微生物的真实情况。

3. Beta 多样性（Beta diversity）分析

Beta 多样性可以比较不同样品在物种多样性方面存在的相似程度。Beta 多样性分析主要采用 Binary jaccard、Bray curtis、Weighted unifrac（限细菌）、Unweighted unifrac（限细菌）等 4 种算法计算样品间的距离从而获得样本间的 β 值。这四个算法主要分为两大类：加权（Bray-Curtis 和 Weighted unifrac）与非加权（Jaccard 和 Unweightde unifrac）。利用非加权的计算方法，主要比较的是物种的有无，如果两个群体的 β 多样性越小，则说明两个群体的物种类型越相似。而加权方法，则需要同时考虑物种有无和物种丰度两个问题。

（三）微生物群落结构分析

1. 非度量多维尺度分析（Non-metric multi-dimensional scaling，NMDS）

非度量多维尺度法是一种适用于生态学研究的排序方法，主要是将多维空间的研究对象（样本或变量）简化到低维空间进行定位、分析和归类，同时又保留对象间原始关系的数据分析方法（Looft et al，2012）。适用于无法获得研究对象间精确的相似性或相异性数据，仅能得到它们之间等级关系数据的情形。其基本特征是将对象间的相似性或相异性数据看成点间距离的单调函数，在保持原始数据次序关系的基础上，用新的相同次序的数据列替换原始数据进行度量型多维尺度分析。换句话说，当资料不适合直接进行变量型多维尺度分析时，对其进行变量变换，再采用变量型多维尺度分析，对原始资料而言，就称之为非度量型多维尺度分析。其特点是根据样品中包含的物种信息，以点的形式反映在多维空间上，而对不同样品间的差异程度，则是通过点与点间的距离体现，最终获得样品的空间定位点图。NMDS 的模型是非线性的，能更好地反映生态学数据的非线性结构，有的研究认为 NMDS 的效果优于 PCA/PCoA。对于 NMDS 分析，它的排序轴不存在解释量一说，但可以计算得到一个总的应力函数值（Stress），因此我们需要参考应力函数值来对排序结果进行评估。在 NMDS 排序分析中，尽可能选择较低的应力函数值。一般情况下，应力函数值的值不要大于 0.2。计算样本与样本间的距离，在微生物分析过程中，这个距离的选择有很多种，较为常用的是 Bray。

2. LEf Se（LDA Effect Size）分析

LEf Se 是一种用于发现和解释高维度数据生物标识（基因、通路和分类单元等）的分析工具，可以实现多个分组之间的比较，进行分组比较的内部还可进行亚组比较分析，它强调统计意义和生物相关性，从而找到组间在丰度上具有统计学差异的物种（Biomarker）（Langille et al，2013）。首先在多组样本中采用非参数因子 Kruskal—Wallis 秩和检验检测不同分组间丰度差异显著的物种，初步得到差异物种，通过检验的物种进入下一步检验；利用 Wilcoxon 秩和检验，对每一组中的亚组进行两两检验，具有显著差异的再进行下一轮检验；最后根据线性判别分析（Linear discriminant analysis，LDA）对数据进行降维并评估差异显著的物种的影响力。LDA 是一种经典的降维方法线性判别分析，可以评估差异显著的物种的影响力即 LDA score。LDA 是一种监督学习的降维技术，也就是说其数据集中的每个样本是有类别输出的，是在目前机器学习、数据挖掘领域中经典且热门的一个算法，这点和 PCA 不同。PCA 是不考虑样本类别输出的无监督降维技术。LDA 是有监督的，所以 LDA 算法可以很好地利用样本的分组信息，得到的结果更可靠，这就是 LDA 分析的优势。

3. 相关性分析

皮尔森相关系数也称皮尔森积矩相关系数（Pearson product-moment correlation coefficient），反应的是两个变量之间变化趋势的方向以及程度，是一种线性相关系数，是最常用的一种相关系数。记为 r，用来反映两个变量 X 和 Y 的线性相关程度，r 值介于 -1 到 1，正值表示正相关，负值表示负相关，绝对值越大表明相关性越强。为了使用 Person 线性相关系数，必须假设数据是成对地从正态分布中取得的，并且数据至少在逻辑范畴内，必须是等间距的数据。如果这两条件不符合，一种可能是采用 Spearman 秩相关系数来代替 Pearson 线性相关系数。Spearman 相关系数又称秩相关系数，是利用两变量的秩次大小作线性相关分析，对原始变量的分布不作要求，属于非参数统计方法，适用范围要广些。对于服从 Pearson 相关系数的数据亦可计算 Spearman 相关系数，但统计效能要低一些。Spearman 相关系数的计算公式可以完全套用 Spearman 相关系数计算公式，但公式中的 X 和 Y 用相应的秩次代替即可。Kendall′s tau-b 等级相关系数：用于反映分类变量相关性的指标，适用于两个分类变量均为有序分类的情况。对相关的有序变量进行非参数相关检验；取值范围在 $-1\sim 1$，此检验适合于正方形表格。

4. 生态网络分析（Ecological network analysis）

微生物在各种生态环境中并不孤立存在，而是基于竞争、合作、共生等相互作用关系形成复杂的生态交互网络，即共现网络（Co-occurrence network）

或相关网络（Correlation network）。随着高通量测序、基因芯片等技术的发展，研究人员可以得到空前庞大的数据量，而利用微生物测序数据得到的OTU 丰度矩阵也可以进行网络分析，探究微生物群落内复杂的相互作用关系，提供样品间微生物群落比较以外的重要信息（Qiu et al，2019）。因此，可利用网络分析来确定晾晒过程中微生物群落内的相互作用及确定微生物群落内的关键菌群。构建微生物的生态网络的前提是假设微生物丰度的变化是由于生态学或生物学原因造成的（Faust et al，2012），并且微生物之间的关系是遵守幂率分布特征的，即多数微生物仅与有限的其他微生物发生相互作用，只有少部分微生物可以与其他很多微生物发生相互作用（Deng et al，2012）。构建微生物生态网络的原理是当两个微生物或 OTUs 的丰度呈现相同或相反的变化规律，并且二者的相关系数大于显著性阈值，就说明这两种微生物之间存在正或负相互作用，计算所有微生物两两之间的相关关系就可以得到一个微生物的生态网络。在生态网络中，每一个元素（生物或基因）可以描述成网络中的一个节点，它们之间的关系能描述成网络中的边。

构建微生物生态网络的主要步骤包括上传数据、数据标准化、相似性矩阵计算以及决定邻接矩阵，最后根据邻接矩阵，在无向的网络中画出节点和边。其中相似性矩阵的计算是基于 OTU 之间的相关性，相似性矩阵到邻接矩阵的转变是通过随机矩阵理论（Random matrix theory，RMT）自动识别合适的相似性阈值（Similarity threshold，St）完成的。微生物生态网络的构建以及分析均在 MENAP（Molecular Ecological Network Analysis Pipeline）网站完成，构建网络时各参数以 MENAP 默认参数为准（Deng et al，2012），可视化软件有 Cytoscape（Banerjee et al，2016）和 Gephi（Dalcin et al，2018）等。

第四章　不同燕麦品种农艺性状和营养品质研究

第一节　不同燕麦品种农艺性状研究

一、试验材料与方法

（一）试验地概况

本试验设在呼伦贝尔市牙克石试验田，地理坐标为（49°28′56″N、120°71′17″E），海拔高度约为 661 m，气候属温和的大陆性季节气候，干旱多风，昼夜温差大；夏季温凉短促，降水集中在 7—8 月，平均年降水量为 388.7～477.9mm，日照丰富，年平均气温为 −5～−3℃，无霜期累年平均为 110d。该地区土壤类型为黑钙土，全氮 2.5%、全磷 0.06%、全钾 2.6%、有机质2.4%、pH 7.58。

（二）材料来源

试验材料为甜燕 70、甜燕 60、甜燕 1 号和甜燕 2 号，由北京佰青源畜牧业科技发展有限公司提供（表 4-1）。

表 4-1　试验材料及其特点

试验材料	特点	熟性	产地
甜燕 60	强适应性、高产抗倒伏	早熟	加拿大
甜燕 1 号	高产稳产、适口性好	中熟	加拿大
甜燕 2 号	饲用价值高、分蘖能力强	中熟	加拿大
甜燕 70	产量高、品质好	中熟	加拿大

（三）试验设计

2022 年 5 月 27 日在牙克石试验田以条播的方式种植，采用随机区组设计，设 3 个重复，共 12 个小区，小区面积 5m×3m，播种前施用硫酸钾作为底肥，并对实验地进行翻耕和平整。每个小区播种行距为 30cm，共 10 行，播种量 187.5kg/hm²，播种深度 3～5cm。苗期中除草 1 次，试验期间未追肥灌溉。将处于乳熟期的燕麦刈割，测定产量和营养品质。

（四）农艺性状测定方法

株高：燕麦刈割前每小区选择 10 个单株测量绝对高度（姜慧新等，2021）。

干草产量：每个小区随机选择 1m×1m 样方，齐地面刈割，3 次重复，称取 1kg 燕麦鲜草在鼓风干燥箱 105℃杀青 30min，再将样品 65℃烘 48h，测定干重，并换算成每公顷的干草产量（Hou et al，2016）。

茎叶比：测定鲜草产量后，随机抽取 200g 鲜草，将茎叶全部分开后，称取茎和叶重量，计算公式为茎重/叶重×100%（Horwitz et al，2005）。

分别在抽穗期、开花期、乳熟期在每个小区取 10 株，统计每株的株高、茎粗、分蘖数、穗粒数、叶宽和叶长，并用卷尺测定每株的穗长和叶长，用游标卡尺测量每株茎粗和叶宽，分别计算平均值。

（五）产量与 RFV 的耦合作用（CE）

$CE=RFV×$产量，其中 CE 代表耦合作用，其值越高，表示收益越高；RFV 代表相对饲喂价值，是一个等级，单价由 RFV 决定，总收入由重量和单价的乘积决定，所以产量代替重量，RFV 代替单价（王林等，2011）。

二、试验结果与分析

（一）不同燕麦品种对产量的影响

由表 4-2 可知，不同燕麦品种对其干草产量有一定的影响。甜燕 2 号、甜燕 70 和甜燕 60 的干草产量达到 10 000kg/hm² 以上，分别为 13 541.61 kg/hm²、12 249.51kg/hm²、10 638.29kg/hm²，干草产量最低为甜燕 1 号（8 733.34kg/hm²），显著低于甜燕 2 号和甜燕 70（$P<0.05$），最高与最低两个品种之间相差 4 808.27kg/hm²。四个燕麦品种干物质含量 32.43%～34.57%，甜燕 70 的干物质含量最高为 34.57%，甜燕 2 号干物质含量最低为 32.43%，显著低于其他品种（$P<0.05$），甜燕 2 号与甜燕 1 号、甜燕 70、甜燕 60 分别相差 2.1 个百分点、2.14 个百分点、2 个百分点。不同燕麦品种干物质产量 3 015.62～4 391.54kg/hm²，甜燕 2 号的干物质产量最高为 4 391.54 kg/hm²，2 个燕麦品种间最高最低相差 1 375.92kg/hm²，甜燕 1 号的干物质产量最低为 3 015.62kg/hm²，两个品种间差异显著（$P<0.05$）。甜燕 70 和甜燕 60 干物质产量分别为 4 234.65kg/hm²、3 662.76kg/hm²，两个品种的干物质含量均显著高于甜燕 1 号（$P<0.05$）。四个燕麦品种的鲜草产量分别为 53 400.76kg/hm²、77 733.33kg/hm²、60 800.81kg/hm²、65 733.33 kg/hm²。甜燕 2 号的鲜草产量最高，比甜燕 1 号高出 24 332.57kg/hm²。燕麦鲜干比最

高的为甜燕 60，为 6.17％；甜燕 70 号的鲜干比最低为 4.96％，甜燕 2 号和甜燕 1 号的鲜干比分别为 5.74％、6.11％。

表 4-2　不同燕麦品种产量分析

燕麦品种	干草产量（kg/hm²）	干物质（％）	干物质产量（kg/hm²）	鲜草产量（kg/hm²）	鲜干比（％）
甜燕 1 号	8 733.34± 616.76^c	34.53± 0.25^a	3 015.62± 66.76^c	53 400.76± 2 700.13^d	6.11
甜燕 2 号	13 541.61± 673.44^a	32.43± 0.75^b	4 391.54± 73.44^a	77 733.33± 2 411.08^a	5.74
甜燕 70	12 249.51± 682.31^b	34.57± 0.12^a	4 234.65± 82.31^{ab}	60 800.81± 2 645.75^c	4.96
甜燕 60	10 638.29± 477.73^{bc}	34.43± 0.21^a	3 662.76± 77.73^b	65 733.33± 1 604.16^b	6.17

注：同列不同小写字母表示差异显著（$P<0.05$）。

（二）不同物候期对燕麦品种茎粗、分蘖数、穗粒数、叶的长宽的影响

由表 4-3 可知燕麦 2 号的茎粗都是最高的，平均为 0.66cm，开花期和乳熟期的茎粗值最大，均为 0.73cm，抽穗期次之，为 0.53cm；在抽穗期甜燕 60 的茎粗最低，为 0.37cm，显著低于甜燕 2 号，甜燕 70 和甜燕 1 号的茎粗均为 0.47cm，与甜燕 2 号无显著差异；开花期甜燕 70、甜燕 60、甜燕 1 号的茎粗分别为 0.43、0.47、0.50cm，三个品种中甜燕 70 的茎粗最低，与甜燕 1 号相差 0.3cm，乳熟期四个燕麦品种的茎粗平均值为 0.62cm，四个品种间无显著差异（$P>0.05$），甜燕 1 号的最低为 0.50cm，甜燕 70 和甜燕 60 两个燕麦品种的茎粗分别为 0.57 和 0.67cm。

表 4-3　不同燕麦品种不同物候期茎粗的比较（cm）

阶段	甜燕 70	甜燕 60	甜燕 2 号	甜燕 1 号
抽穗期	0.47±0.03^{ab}	0.37±0.03^b	0.53±0.04^a	0.47±0.03^{ab}
开花期	0.43±0.07^a	0.47±0.03^a	0.73±0.15^a	0.50±0.00^a
乳熟期	0.57±0.03^a	0.67±0.03^a	0.73±0.15^a	0.50±0.00^a

注：同行不同小写字母表示差异显著（$P<0.05$）。表 4-4 至表 4-7 同此。

由表 4-4 可以看出不同物候期对不同燕麦分蘖数的影响有显著的差异。在抽穗期、开花期、乳熟期这 3 个物候期甜燕 2 号的分蘖数均是 4 个燕麦品种中最高的，平均分蘖数为 11.56 个，显著高于其他 3 个燕麦品种（$P<0.05$），开花期的分蘖数最高；抽穗期甜燕 70 的分蘖个数最少为 2.67 个，甜燕 60 的次之为 3.33 个，两个燕麦品种的分蘖数显著低于甜燕 2 号和甜燕 1 号（$P<$

0.05），甜燕 2 号和甜燕 70 的分蘖个数差为 9 个；开花期，甜燕 70、甜燕 60、甜燕 1 号的分蘖个数分别为 3.66、4.66、6.66 个，甜燕 60 和甜燕 1 号之间无显著差异（$P>0.05$），甜燕 70 的分蘖数最低为 3.66 个，显著低于甜燕 1 号和甜燕 2 号（$P<0.05$）；乳熟期甜燕 70 最低的分蘖个数为 3.66 个，与甜燕 60 无显著差异（$P>0.05$），与最高分蘖数的甜燕 2 号相差 7.34 个，甜燕 60 与甜燕 1 号的分蘖个数分别为 4.33、7.66 个，2 个品种间差异显著（$P<0.05$）。

表 4-4　不同燕麦品种不同物候期分蘖数的比较（个）

阶段	甜燕 70	甜燕 60	甜燕 2 号	甜燕 1 号
抽穗期	2.67±0.33c	3.33±0.33c	11.67±0.88a	8.67±1.33b
开花期	3.66±0.33c	4.66±0.66bc	12.00±1.00a	6.66±0.66b
乳熟期	3.66±0.33c	4.33±0.33c	11.00±0.00a	7.66±0.88b

由表 4-5 可以看出抽穗期、开花期、乳熟期甜燕 70、甜燕 60、甜燕 2 号、甜燕 1 号的平均穗粒数分别为 31.66、28.55、39.66、34.33 粒，可以看出甜燕 2 号的平均穗粒数高于其他 3 个品种的燕麦穗粒数；抽穗期甜燕 1 号的穗粒数最高为 38.67 粒，与甜燕 70 无显著差异，与甜燕 60 和甜燕 2 号差异显著（$P<0.05$），甜燕 60 和甜燕 2 号的穗粒数最低为 25.00 粒，与甜燕 70 相差 7.33 粒，与甜燕 1 号相差 13.67 粒。开花期甜燕 2 号的穗粒数最高为 46.33，甜燕 60 的最低为 28.66 粒，两个品种间差异显著（$P<0.05$），甜燕 1 号的穗粒数为 36.00，甜燕 70 的穗粒数为 29.33 粒，两个品种间的穗粒数无显著差异（$P>0.05$）。乳熟期 4 个燕麦品种的穗粒数分别为 33.33、32.00、47.66、28.33 粒，甜燕 2 号的穗粒数最多，显著高于其他三个品种的燕麦（$P<0.05$），甜燕 1 号的穗粒数最少，与甜燕 2 号相差 19.33 粒，甜燕 70、甜燕 60、甜燕 1 号，3 个品种间的燕麦穗粒数无显著差异（$P>0.05$）。

表 4-5　不同燕麦品种不同物候期穗粒数的比较（粒）

阶段	甜燕 70	甜燕 60	甜燕 2 号	甜燕 1 号
抽穗期	32.33±1.76ab	25.00±3.05b	25.00±3.21b	38.67±3.48a
开花期	29.33±2.90b	28.66±2.84b	46.33±5.04a	36.00±3.05ab
乳熟期	33.33±2.84b	32.00±1.00b	47.66±3.84a	28.33±2.19b

由表 4-6 可知，不同燕麦品种不同物候期叶宽有一定差异。甜燕 70、甜燕 60 和甜燕 2 号三个品种抽穗时期的叶宽分别为 0.80、1.03、0.79cm，平均叶宽为 0.87cm，三个品种间的抽穗期叶宽无显著差异（$P>0.05$），但与叶宽

最大的甜燕1号（1.50cm）之间差异显著（$P<0.05$）。开花期叶宽最大的是甜燕1号为1.37cm，与叶宽最小的甜燕2号（0.87cm）相差0.5cm，甜燕70（1.10cm）与甜燕60（1.30cm）之间相差0.20cm，四个品种之间无显著差异（$P>0.05$）。甜燕60和甜燕1号乳熟期叶宽为1.47cm，甜燕70和甜燕2号两个品种在乳熟期叶宽相差0.53cm，甜燕70、甜燕60、甜燕1号三个品种乳熟期叶宽无显著差异（$P>0.05$），甜燕70在乳熟期的叶宽最大为1.50cm，最低的是甜燕2号为0.97cm，甜燕70、甜燕60和甜燕2号叶宽均在乳熟期时最大。

表4-6 不同燕麦品种不同物候期叶宽的比较（cm）

阶段	甜燕70	甜燕60	甜燕2号	甜燕1号
抽穗期	0.80±0.05[b]	1.03±0.09[b]	0.79±0.06[b]	1.50±0.15[a]
开花期	1.10±0.06[a]	1.30±0.06[a]	0.87±0.30[a]	1.37±0.17[a]
乳熟期	1.50±0.15[a]	1.47±0.09[a]	0.97±0.20[b]	1.47±0.03[a]

由表4-7可知，不同品种间的不同物候期叶长有一定差异。甜燕2号和甜燕1号的抽穗期的叶长最长，分别为28、29.67cm，与甜燕70和甜燕60间差异显著（$P<0.05$），甜燕70和甜燕60两品种间抽穗期叶长差为2.67cm，甜燕2号和甜燕1号两品种间抽穗期叶长差为1.67cm。甜燕60、甜燕2号、甜燕1号的开花期叶长分别为23.60、32.33、29.00cm，开花期叶长最长的甜燕2号为32.33cm，甜燕70和甜燕2号开花期叶长分别为25.23、32.33cm，两个品种间差异显著（$P<0.05$）。乳熟期叶长最长的是甜燕2号，与叶长最短的甜燕60相差7cm，甜燕70和甜燕60两个品种间乳熟期叶长相差2.67cm，甜燕70、甜燕60和甜燕2号的乳熟期叶长分别为28.00、25.33、32.33cm，叶长最长的是甜燕2号，显著高于其他两个品种（$P<0.05$）；甜燕2号的叶长在开花期和乳熟期均为32.33cm，甜燕60、甜燕70的叶长均在乳熟期时最长，甜燕1号叶长最长时在抽穗期。

表4-7 不同燕麦品种不同物候期叶长的比较（cm）

阶段	甜燕70	甜燕60	甜燕2号	甜燕1号
抽穗期	16.67±1.33[b]	14.00±1.15[b]	28.00±2.08[a]	29.67±1.20[a]
开花期	25.23±1.63[bc]	23.60±0.35[c]	32.33±0.88[a]	29.00±2.08[ab]
乳熟期	28.00±0.96[b]	25.33±1.54[b]	32.33±0.88[a]	28.67±0.88[ab]

（三）不同燕麦品种对株高和茎叶比的影响

不同燕麦品种间的株高和茎叶比有一定差异（表4-8）。甜燕1号、甜燕

2 号和甜燕 70 三个品种的株高分别为 83.67、85.33、91.09cm，平均株高为 86.70cm，三个品种间的株高无显著差异（$P>0.05$），但与株高最低的甜燕 60（67.44cm）之间差异显著（$P<0.05$），高度差分别为 16.23、17.89、23.59cm。甜燕 60 的茎叶比最高（6.58%），最低的为甜燕 70（3.34%），两个品种间差异显著（$P<0.05$），茎叶比相差 3.24 个百分点。

表 4-8　不同燕麦品种株高和茎叶比分析

燕麦品种	株高（cm）	茎和叶比例构成		
		茎（%）	叶（%）	茎叶比
甜燕 1 号	83.67±5.51[a]	58.1	17.2	3.37±0.66[c]
甜燕 2 号	85.33±2.08[a]	48.3	11.7	4.12±0.18[b]
甜燕 70	91.03±6.56[a]	60.84	18.24	3.34±0.95[c]
甜燕 60	67.44±4.14[b]	64.31	9.77	6.58±0.15[a]

注：同列不同小写字母表示差异显著（$P<0.05$）。表 4-9 与表 4-10 同此。

第二节　不同燕麦品种营养品质研究

一、试验材料与方法

试验材料与设计同第一节内容。

（一）营养成分的测定方法

采用烘箱干燥法测定干物质（Dry matter，DM）含量，将样品 65℃烘 48h，测定干重，计算干物质含量（Playne M et al，1991）；采用 Van Soest 纤维法测定中性洗涤纤维（NDF）、酸性洗涤纤维（ADF）含量（Thomas，1997）；采用凯氏定氮法测定粗蛋白质（CP）含量（Thomas，1997）；采用索氏脂肪提取法测定粗脂肪（EE）含量（魏晓斌等，2019）；采用硫酸-蒽酮比色法测定可溶性碳水化合物（WSC）含量（张丽英，2007）。木质素（ADL）含量测定参照《饲料分析及饲料质量检测技术》（Cai Y et al，2004）。采用 EDTA 络合滴定法（GB/T 6436—2018）测定钙。采用钼锑抗比色法（GB/T 6437—2018）测定磷。

（二）相对饲用价值（RFV）的计算

公式如下（Hou M L et al，2016）：

$$DMI=120/NDF$$
$$DDM=88.9-0.779\times ADF$$
$$RFV=DMI\times DDM/1.29$$

式中，RFV 代表相对饲用价值；DMI 代表干物质采食量，以占动物代谢体重的百分比表示（％）；DDM 代表可消化干物质（％）；NDF 代表中性洗涤纤维含量（％）；ADF 代表酸性洗涤纤维含量（％）。

（三）相对饲用品质（RFQ）的计算

公式如下（张雪蕾等，2018）：

$$RFQ = DMI \times TDN（\%）/1.23$$

式中，RFQ 代表相对饲用品质；TDN 代表总可消化养分。

二、试验结果与分析

（一）不同燕麦品种对营养品质的影响

不同燕麦品种的营养品质差异显著（$P < 0.05$，表 4-9）。甜燕 2 号和甜燕 60 的 CP 含量最高，分别为 10.87％、10.77％，甜燕 1 号的 CP 含量最低为 10.50％，与甜燕 2 号和甜燕 60 间差异显著（$P < 0.05$）。不同燕麦品种 ADF 含量分别为 29.17％、30.55％、29.77％、27.60％，其中甜燕 60 的 ADF 含量最低为 27.60％，显著低于其他 3 个品种（$P < 0.05$）；甜燕 2 号和甜燕 60 两个品种间 ADF 相差 2.95 个百分点。NDF 含量为 48.27％～50.90％，含量最高甜燕 60 与含量最低甜燕 1 号和甜燕 2 号之间差异显著（$P < 0.05$），甜燕 60 和甜燕 1 号 NDF 含量相差 2.47 个百分点与甜燕 2 号相差 2.63 个百分点。EE 含量最高为甜燕 1 号（3.90％），含量最低为甜燕 2 号（3.26％），两个品种间差异显著（$P < 0.05$），甜燕 70 和甜燕 60 EE 含量分别为 3.77％和 3.87％，两者间无显著差异（$P > 0.05$）。ADL 含量最高的为甜燕 2 号（5.14％），与甜燕 1 号无显著性差异（$P > 0.05$），显著高于甜燕 60 和甜燕 70（$P < 0.05$）。WSC 含量为 7.43％～10.33％，平均含量为 9.06％，最高的 2 个品种甜燕 1 号和甜燕 2 号与含量最低的甜燕 60 间差异显著（$P < 0.05$）。

表 4-9　不同燕麦品种营养成分分析

燕麦品种	CP	ADF	NDF	EE	ADL	WSC
甜燕 1 号	10.50±0.26[b]	29.17±0.40[a]	48.43±0.70[c]	3.90±0.12[a]	5.03±0.04[a]	10.20±0.26[a]
甜燕 2 号	10.77±0.12[a]	30.55±0.09[a]	48.27±0.21[c]	3.26±0.04[c]	5.14±0.07[a]	10.33±0.65[a]
甜燕 70	10.57±0.21[b]	29.77±0.06[a]	49.67±0.74[b]	3.77±0.03[b]	4.82±0.10[b]	8.27±0.06[b]
甜燕 60	10.87±0.06[a]	27.60±0.53[b]	50.90±0.72[a]	3.87±0.17[ab]	4.32±0.01[c]	7.43±0.25[c]

（二）不同燕麦品种对矿质元素的影响

不同燕麦品种 Ca 和 P 含量有一定影响（表 4-10）。Ca 含量在 0.29％～0.34％，4 个燕麦品种 Ca 含量分别为 0.33％、0.34％、0.32％、0.29％，最低的为甜燕 60，显著低于其他 3 个燕麦品种（$P < 0.05$）；P 含量为甜燕 60＞

甜燕 1 号＝甜燕 70＞甜燕 2 号 P 含量依次为 0.37％、0.32％、0.32％、0.30％，甜燕 60 和甜燕 2 号两个品种 P 含量相差 0.07 个百分点，最高最低品种间差异显著（$P<0.05$）。

表 4 - 10　不同燕麦品种 Ca 和 P 含量分析

燕麦品种	Ca	P
甜燕 1 号	0.33±0.02[a]	0.32±0.02[b]
甜燕 2 号	0.34±0.01[a]	0.30±0.01[c]
甜燕 70	0.32±0.01[a]	0.32±0.01[b]
甜燕 60	0.29±0.02[b]	0.37±0.01[a]

（三）不同燕麦品种对 RFV 值和 RFQ 值的影响

由图 4 - 1 可知，不同燕麦品种的 RFV 值最高为甜燕 60（130.12），其次为甜燕 1 号（127.33），两者间差异不显著（$P>0.05$），但显著高于甜燕 2 号（122.33）和甜燕 70（117.33）（$P<0.05$），甜燕 60 与甜燕 70 RFV 值相差 12.67，与甜燕 2 号相差 7.67。RFQ 值介于 141.67～130.00，最高的品种为甜燕 1 号（141.67），显著高于其他三个燕麦品种（$P<0.05$），其次为甜燕 60，其 RFQ 值为 138.33，显著高于甜燕 2 号和甜燕 70 两个品种（$P<0.05$），甜燕 2 号和甜燕 70 两个燕麦品种的 RFQ 值分别为 130、132，甜燕 1 号和甜燕 2 号两个燕麦品种间的 RFQ 值相差 11.67。

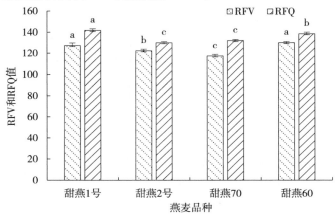

图 4 - 1　不同燕麦品种 RFV 和 RFQ 的分析

（四）不同燕麦品种产量与 RFV 值稳定性分析

由表 4 - 11 可知，四个燕麦品种的 RFV 值有一定的差异，甜燕 60 RFV 值最大为 130.12，甜燕 2 号的 RFV 值最小为 117.33，两个品种间 RFV 值相差 12.79。4 个燕麦品种产量达到 10 000kg/hm² 以上的燕麦品种有甜燕 2 号、甜燕 70 和甜燕 60，其中甜燕 2 号产量最高，为 13 541.61kg/hm²；甜燕 1 号产量最低，为 8 733.34kg/hm²，甜燕 70 和甜燕 60 两个品种间的燕麦干草产量分别为 12 249.51、10 638.29kg/hm²，4 个燕麦品种的干草产量平均值为 11 290.69kg/hm²。4 个燕麦品种的 RFV 值最高为甜燕 60（130.12），最低为甜燕 70（117.33）。根据干草产量与 RFV 耦合作用，将 4 个燕麦品种进行排序，排序为甜燕 2 号＞甜燕 70＞甜燕 60＞甜燕 1 号，最终确定甜燕 2 号属于高产优质品种。

表 4 - 11　不同燕麦品种产量与 RFV 值稳定性分析

燕麦品种	RFV	干草产量（kg/hm²）	耦合作用（CE）	排序
甜燕 1 号	127.33	8 733.34	1 112 016.18	4
甜燕 2 号	117.33	13 541.61	1 588 835.98	1
甜燕 70	122.33	12 249.51	1 498 482.58	2
甜燕 60	130.12	10 638.29	1 382 977.71	3

（五）不同燕麦品种产量与营养品质的灰色关联分析评价

采用灰色关联分析法，以 8 个指标的平均值进行分析（表 4 - 12），建立一个"最优"序列计算关联系数，计算所得加权关联度值反映了试验中不同燕麦品种与理想指标的差异大小，排序靠前试验指标关联度越大，则该燕麦品种与理想指标的相似度越高，综合评价最好，反之则差异较大。本试验灰色关联分析法分析各项指标所得数据时，将 4 个燕麦品种的 8 个测定指标结果视为一个灰色系统进行分析，并且以理想指标作为"参考值"，研究 4 个燕麦品种与理想指标的关联关系。从表 4 - 12 可知，针对本次 4 个评价品种，甜燕 2 号的综合评价最高（关联度 0.992），其次为甜燕 70（关联度 0.962）。

表 4 - 12　不同燕麦品种产量与营养品的灰色关联分析评价

燕麦品种	关联系数								关联度	排名
	CP	WSC	Ca	RFV	RFQ	ADF	NDF	干草产量		
甜燕 1 号	1.000	1.000	1.000	0.999	0.998	1.000	1.000	0.333	0.916	4
甜燕 2 号	1.000	1.000	1.000	0.995	0.995	1.000	1.000	0.947	0.992	1
甜燕 70	1.000	0.999	1.000	0.998	0.997	1.000	1.000	0.704	0.962	2
甜燕 60	1.000	0.999	1.000	0.999	0.999	0.999	0.999	0.437	0.929	3

第三节 讨论与结论

一、讨论

（一）不同燕麦品种农艺性状

燕麦的品种是决定产量的重要因素之一（武俊英等，2011），不同品种燕麦干草产量受外界环境因子和自身的遗传因素共同影响（吴亚等，2018；郭兴燕，2016）。株高、叶量和茎粗等综合体现了牧草干草产量（南铭等，2020），株高可判断燕麦生长发育情况和经济产量高低，燕麦生长过程呈 S 形，这是由燕麦的生物学特性所决定的（闫天芳等，2020）。本试验中，4 个燕麦品种的株高在 67.44 ～91.03cm，而南铭等（2020）在甘肃中部种植燕麦的株高（117.6 ～125.5cm）和闫天芳等（2020）在江淮地区种植燕麦的株高（128.8～154.4cm）高于本试验的结果；但与彭先琴（2018）在川西高寒地区种植的燕麦株高相近（81.53～90.54cm）。茎叶比是评价燕麦营养价值和牧草品质的重要指标。茎叶比越小，叶量越丰富，粗蛋白含量越高，适口性越好（郭兴燕等，2016），牧草的品质就越好；相反茎叶比越高，叶量越少，适口性差，品质就越差。本研究中甜燕 60 的茎叶比最高（6.58％），最低的为甜燕 70 号（3.34％），甜燕 60 WSC 含量显著低于甜燕 70（$P<0.05$），甜燕 70 对应的营养物质含量高于甜燕 60，这与郭兴燕等（2016）研究一致。播期通过温度、光照等生态因子直接或间接影响作物的生育时期、干物质积累和出苗等生命进程，品种是通过基因直接影响其生育进程，最终影响作物的产量。童永尚等（2021）对 7 个燕麦品种在 4 个播期进行了研究，结果表明播期和品种互作对燕麦的产量和品质具有极显著影响。孙建平等（2017）研究表明，在晋北农牧交错带种植不同燕麦干草产量在 8 413.99～110 511.98kg/hm²，周启龙（2020）的研究中，在拉萨种植不同燕麦品种其干草产量在 2 914.37～10 371.57 kg/hm²，本试验中 4 个燕麦品种的干草产量在 8 733.34～13 541.61kg/hm²。上述表明，燕麦的农艺性状受到地域性和品种的影响较大，因此筛选适宜当地种植的燕麦品种，进行品种区域试验是必要的。

（二）不同燕麦品种营养品质

牧草的优劣主要是从营养成分含量高低来判断的。燕麦主要营养物质是 CP，提供热能物质是 EE，Ca 和 P 是主要矿物质，这些指标含量越高，燕麦品质越好（侯龙鱼等，2019）。CP 是影响牧草品质的重要指标，蛋白质能够维持家畜生长、发育，蛋白含量高，牧草营养价值就高（童永尚等，2021）。本试验粗蛋白含量为 10.50％～10.87％。陈莉敏等（2016）对川西北 7 个燕麦品种进行了研究，结果表明 7 品种燕麦粗蛋白含量均低于 8％，低于本试验结果，可能是地理环境不同导致的。有研究表明我国 54 个燕麦品种粗蛋白含量大多集中在 16%～20%（刘会省等，2021），本试验粗蛋白含量低于以上研究，可能是由于呼伦贝尔地区气候条件影响造成的。粗脂肪主要为动物提供能量，其中有 300 多种脂肪酸可由植物提供，动物体内有三种脂肪酸不能合成，必须由饲料中的脂肪提供。因此脂肪含量是评价饲料质量的标准之一。在燕麦作为饲料原材料使用时，应考虑不同品种不同时期脂肪含量的不同，根据不同动物挑选合适的燕麦品种进行饲料营养搭配来保证所喂养动物日常脂肪需要（杨尚谕，2022）。徐玖亮等（2021）研究表明燕麦中的脂肪含量为 5%～9%，其中主要为不饱和脂肪酸，高于其他谷物。NDF 和 ADF 是反映青贮饲料纤维质量的重要指标。燕麦调制青贮主要是降低饲料中的 NDF 和 ADF 含量，增加燕麦青贮的 CP 含量（罗健科等，2023）。NDF 和 ADF 含量与牲畜的消化率成负相关，也是衡量青贮营养品质最佳的指标（宋词等，2021）。ADF 含量高，则消化率降低；若 NDF 含量高，则采食量减少（杨尚谕，2022）。王赛等（2017）研究表明，ADF 和 NDF 的含量随播种期的延长含量逐渐增加。

WSC 在牧草生长发育中扮演着重要角色，其在植物细胞中起着维持原生质体以及渗透平衡作用，同时有维持膜稳定性和保证完整性的作用。牧草中贮藏的养分主要为可溶性糖（王慧婷等，2023）。WSC 是参与植株代谢的重要物质，并且影响牧草消化率与适口性。童永尚等（2021）研究表明播期和品种互作对燕麦可溶性糖含量有一定的影响，这可能是由品种、气候条件及土壤条件等因素引起的。

本试验中 4 个不同燕麦品种的 CP 含量为 10.50%～10.87%，ADF 含量为 27.60%～30.55%，NDF 含量为 48.27%～50.90%，EE 含量为 3.26%～3.90%，WSC 在含量 7.43%～10.33%。刘夏琳等（2020）在研究中，4 个不同燕麦品种的 CP 含量变化范围在 8.04%～12.94%，WSC 含量变化范围在 9.28%～16.40%，ADF 含量为 60.62%～64.08%，NDF 含量为 35.37%～39.35%。李晶（2023）等研究发现，CP 含量为 16.02%～18.40%，WSC 含量为 7.03%～16.14%，ADF 含量为 51.12%～53.94%，NDF 含量为 24.74%～27.01%。以上结果与本试验的结果不一致，主要是燕麦供试品种、环境因素及收获时期不同的原因。

RFV 与 RFQ 是一种较为简便实用的粗饲料饲用价值评价模型和质量评定指标。RFV 越高，则牧草的饲用价值越高；RFQ 越高，表明牧草的相对饲用品质越好。RFV 值的计算中 NDF 和 ADF 与其是负相关关系，说明 NDF 和 ADF 含量越低饲草价值越高（杨敏等，2023）。本试验中 RFV 值最高的是甜燕 60（130），RFQ 值最高的是甜燕 1 号（141.67），将 RFV 与产量进行耦合分析后甜燕 2 号排列第一，耦合值越高，收益越高。

二、结论

本研究以燕麦为供试材料，研究不同燕麦品种生产性能、营养品质主要结论如下：

（1）农艺性状方面　4 种燕麦排序为甜燕 2 号＞甜燕 70＞甜燕 60＞甜燕 1 号，本研究中甜燕 60 的茎叶比最高（6.58%），最低的为甜燕 70 号（3.34%），甜燕 2 号在乳熟期的穗粒数最高（47.66 粒），在开花期的分蘖数最高（12.00 个），4 个燕麦品种的干草产量在 8 733.34～13 541.61kg/hm^2。燕麦的生产性能受到地域、物候期和品种的影响较大，因此筛选适宜当地种植的燕麦品种，进行品种区域试验必不可少。

（2）营养品质方面　4 种燕麦调制青干草和青贮饲料营养品质的排序为：甜燕 2 号＞甜燕 70＞甜燕 60＞甜燕 1 号，不同刈割时期牧草调制青干草和青贮饲料的处理中，抽穗期的营养品质最优。本试验中 RFV 值最高的是甜燕 60（130.12），RFQ 值最高的是甜燕 1 号（141.67），将 RFV 与产量进行耦合分析后甜燕 2 号排列第一，耦合值越高，收益越高。

第五章　不同燕麦品种青贮饲料营养品质及发酵品质研究

第一节　不同燕麦品种青贮饲料营养品质及发酵品质研究

一、试验材料与方法

（一）试验地概况

本试验设在呼伦贝尔市牙克石试验田，地理坐标为（49°28′56″N、120°71′17″E），海拔高度约为 661 m，气候属温和的大陆性季节气候，干旱多风，昼夜温差大；夏季温凉短促，降水集中在 7—8 月，平均年降水量为 388.7～477.9mm，日照丰富，年平均气温为 −5～−3℃，无霜期累年平均为 110 d。该地区土壤类型为黑钙土，全氮 2.5%、全磷 0.06%、全钾 2.6%、有机质 2.4%、pH 7.58。

（二）材料来源

试验材料为甜燕 70、甜燕 60、甜燕 1 号和甜燕 2 号，由北京佰青源畜牧业科技发展有限公司提供（表 5-1）。

表 5-1　试验材料及其特点

试验材料	特点	熟性	产地
甜燕 60	强适应性、高产抗倒伏	早熟	加拿大
甜燕 1 号	高产稳产、适口性好	中熟	加拿大
甜燕 2 号	饲用价值高、分蘖能力强	中熟	加拿大
甜燕 70	产量高、品质好	中熟	加拿大

（三）试验设计

2022 年 5 月 27 日在牙克石试验田以条播的方式种植，采用随机区组设计，设 3 个重复，共 12 个小区，小区面积 5m×3m，播种前施用硫酸钾作为底肥，并对实验地进行翻耕和平整。每个小区播种行距为 30cm，共 10 行，播种量 187.5kg/hm²，播种深度 3～5cm。苗期中除草 1 次，试验期间未追肥灌溉。将处于乳熟期的燕麦刈割，测定产量和营养品质后再进行青贮调制，切短至 2～3cm，一层一层地分装入 1L 的聚乙烯塑料罐中，装填密度为 750 kg/m³。60d 后开封取样，进行营养品质和发酵品质分析。

（四）发酵品质分析

采用高效液相色谱仪（岛津 GC-8A，日本）测定有机酸含量（乳酸、乙酸、丙酸和丁酸）（Cai Y M et al，2004）。采用苯酚－次氯酸比色法测定氨态氮（NH₃－N）含量（Broderica G et al，1980）。采用酸度计（OHAUS－TARTER 100/B 型，杭州微米派科技有限公司）测定 pH。

（五）青贮感官评定

感官评定采用德国农业协会（Deutche Lan Geseutschaft）青贮感官质量评分法（张雪蕾等，2018），根据气味、质地和色泽对牧草品质进行综合评分（王林等，2011）（表 5 - 2）。

表 5 - 2 青贮饲料质量感官评定标准

项目	标准	分数
气味	无丁酸臭味，有芳香果味或明显的面包香味	14
	接触后在手上残留轻微的丁酸臭味或具有较强的酸味，芳香味弱	10
	丁酸味颇重，或有刺鼻的焦糊臭或霉味	4
	有很强的丁酸味或氨味，或几乎无酸味	2
	粪味，霉败味，或有很强的堆肥味	0
结构	茎叶结构保存良好，松软疏松	4
	茎叶结构保存较差	2
	茎叶结构保存极差或发现有轻度霉菌或轻度污染	1
	茎叶腐烂或污染严重	0
色泽	色泽与原材料相似，烘干后呈淡褐色	2
	略有变色，呈淡黄色或带褐色	1
	变色严重，呈墨绿色或黄色	0

（六）青贮 V-Score 评分

采用 V-Score 评分体系评价各组青贮饲料发酵品质。V-Score 评分体系于 2001 年被提出，是根据鲜物质（Fresh matter，FM）中 NH₃-N/TN、AA、PA 及 BA 含量来评定发酵品质的优劣，是目前较为成熟的牧草青贮饲料发酵品质评价体系之一，满分 100 分（郭嫒珍，2021）。具体标准见表 5 - 3。

表 5 - 3　青贮品质的 V-Score 评分标准

氨态氮/总氮		乙酸＋丙酸（％）		丁酸（％）		级别判定
含量 X_N（％）	得分 Y_N	含量 X_A	得分 Y_A	含量 X_B	得分 Y_B	$Y=Y_N+Y_A+Y_B$
≤5	$Y_N=50$	≤0.2	$Y_A=10$	$0\sim0.5$	$Y_B=40-80X_B$	
$5\sim10$	$Y_N=60$	$0.2\sim1.5$	$Y_A=(150-100X_A)/13$	$0.5<$	$Y_B=0$	良好（$Y>80$） 尚可（$60\leqslant Y\leqslant80$）
$10\sim20$	$Y_N=80$	$1.5<$	$Y_A=0$			不良（$Y<60$）
<20	$Y_N=0$					

（七）灰色关联分析

采用灰色关联分析法综合评价不同品种燕麦青贮营养成分和发酵品质的影响。选取各个处理各个指标最优值组成 X_0 参考列，对数据进行无量纲化处理，根据以下公式进行加权关联度计算。

关联系数：$\zeta_i(k)=\dfrac{\min_i\min_k\Delta_i(k)+\rho\max_i\max_k\Delta_i(k)}{\Delta_i(k)+\rho\max_i\max_k\Delta_i(k)}$

等全关联度：$\gamma_i=\dfrac{1}{n}\sum_{k=1}^{n}\zeta_i(k)$

绝对离差：$\Delta_i(k)=|X_0(k)-X_i(k)|$

权重系数：$\omega_i(k)=\dfrac{\gamma_i}{\sum\gamma_i}$

加权关联度：$\gamma_i=\sum_{k=1}^{n}\omega_i(k)\zeta_i(k)$

式中，i 表示各处理；k 表示指标；$\min_i\min_k|X_0(k)-X_i(k)|$ 为二级最小差；$\max_i\max_k|X_0(k)-X_i(k)|$ 为二级最大差；ρ 为分辨率系数，在 $0\sim1$ 之间（通常情况取值为 0.5），此处取值 0.5（王青等，2012）。

（八）数据分析方法

本研究试验数据采用 Excel 2019 进行整理数据及制作图表，对试验数据进行方差分析，使用数据分析软件 SPSSAU 进行灰色关联分析。

二、试验结果与分析

（一）不同燕麦品种青贮感官评价

由表 5 - 4 可知不同燕麦品种青贮 60d 后均无霉变、腐烂发生，甜燕 2 号青贮后总分最高（18 分），无丁酸臭味，有酸味、有芳香味，茎叶结构保持良好，色泽与原料相似，烘干后均呈淡褐色，感官品质优良；甜燕 1 号和甜燕

70青贮后气味略差于甜燕2号，无丁酸臭味，有较强的酸和芳香味，气味评分为10分，质地与色泽均与甜燕2号相同，评分分别定为4分和2分，总分评定均为16分；甜燕60总分最低，评定为15分，气味较好，无丁酸臭味，有酸味、有芳香味与甜燕2号相同，但质地与色泽均差于其他燕麦品种，评分分别为2分和1分。不同燕麦品种青贮后茎叶结构均无污染评分为2~4分，色泽与原料相似，烘干后呈淡褐色或淡黄色评分为1~2分；4个燕麦品种青贮后感官综合评定总分均超过10分。甜燕60感官评定良好，其他品种综合评定均为优良。

表5-4　不同燕麦品种青贮感官评价

燕麦品种	气味（14）	质地（4）	色泽（2）	总分（20）	综合评定
甜燕1号	10	4	2	16	优良
甜燕2号	12	4	2	18	优良
甜燕70	10	4	2	16	优良
甜燕60	12	2	1	15	良好

（二）不同燕麦品种对青贮营养品质的影响

如表5-5所示，4个燕麦品种中甜燕1号青贮的DM含量为45.27%，是四种燕麦中含量最高的，甜燕2号则最低，DM含量为39.32%，甜燕70和甜燕60的DM含量分别为43.16%、40.05%。含量在40%以下的只有甜燕2号燕麦，品种间无显著性差异（$P>0.05$）。不同的品种对CP有一定的影响，甜燕70的CP含量最高12.63%，与甜燕1号（12.41%）和甜燕2号（11.71%）间差异不显著（$P>0.05$），CP含量最低的品种是甜燕60（10.76%），与其他三个品种间差异显著（$P<0.05$）。ADF含量在26.11%~36.04%，最高为甜燕60，最低为甜燕1号，两个品种间差异显著（$P<0.05$），甜燕2号为28.72%较低，甜燕70则为35.08%较高。WSC含量最高的是甜燕70（4.05%），最低品种为甜燕2号（3.56%），两个品种间无显著性差异（$P>0.05$），甜燕1号和甜燕60分别为3.90%和3.94%。4个燕麦品种间NDF含量和EE含量无显著性差异（$P>0.05$）。

表5-5　不同燕麦品种对青贮营养品质的影响

燕麦品种	DM（%）	CP（%）	ADF（%）	NDF（%）	WSC（%）	EE（%）
甜燕1号	45.27±0.26[a]	12.41±0.33[a]	26.11±0.55[b]	47.18±1.14[a]	3.90±0.22[a]	2.31±0.08[a]
甜燕2号	39.32±0.18[ab]	11.71±0.56[ab]	28.72±0.12[b]	48.89±1.23[a]	3.56±0.45[ab]	3.04±0.12[a]
甜燕70	43.16±0.46[ab]	12.63±1.11[a]	35.08±1.21[a]	49.79±1.90[a]	4.05±0.78[a]	2.97±0.06[a]

燕麦品种	DM（%）	CP（%）	ADF（%）	NDF（%）	WSC（%）	EE（%）
甜燕 60	40.05±0.62ab	10.76±0.78b	36.04±0.21a	44.94±0.98ab	3.94±1.21a	2.76±0.22a

注：同列不同小写字母表示差异显著（$P<0.05$）。表 5-6 与表 5-7 同此。

（三）不同燕麦品种对青贮发酵品质的影响

4 个燕麦品种青贮饲料发酵品质中，pH 最低的甜燕 1 号（4.04）与最高的甜燕 70（4.54）之间差异显著（$P<0.05$），两者间 pH 相差 0.50；甜燕 2 号（4.40）和甜燕 60（4.21）间差异不显著（$P>0.05$）（表 5-6），四个燕麦品种的 pH 平均值为 4.30。乳酸含量为 4.09%～6.86%，排前三个品种为甜燕 1 号、甜燕 2 号和甜燕 70，分别为 6.86%、6.47%、6.14%，三个品种间无显著差异（$P>0.05$），与含量最低品种甜燕 60 间差异显著（$P<0.05$）。乙酸含量最高的品种为甜燕 2 号（1.18%），含量最低的品种为甜燕 1 号（0.47%），两个品种间差异显著（$P<0.05$），两个品种间乙酸含量相差 0.71 个百分点。丙酸含量为 0.50%～0.89%，甜燕 60 含量最高，甜燕 2 号含量最低，两个品种间差异显著（$P<0.05$），甜燕 1 号和甜燕 70 的丙酸含量分别为 0.59%、0.53%，与甜燕 60 差异不显著（$P>0.05$）。4 个燕麦品种的氨态氮和总挥发性脂肪酸含量无显著差异（$P>0.05$）。

表 5-6　不同燕麦品种对青贮发酵品质的影响

项目	pH	乳酸（%）	乙酸（%）	丙酸（%）	丁酸（%）	氨态氮（%）	总挥发性脂肪酸（%）
甜燕 1 号	4.04±0.14b	6.86±0.35a	0.47±0.12b	0.59±0.55ab	0.10±0.05a	6.69±0.14a	1.14±0.06a
甜燕 2 号	4.40±0.08a	6.47±0.46a	1.18±1.45a	0.50±0.28b	0.04±0.15ab	6.68±0.28a	1.70±0.02a
甜燕 70	4.54±1.11a	6.14±0.33a	0.51±1.60b	0.53±0.28ab	0.08±0.03a	5.19±0.36ab	1.12±0.02a
甜燕 60	4.21±1.05ab	4.09±0.83b	0.72±0.98ab	0.89±0.31a	0.08±0.06a	7.01±0.09a	1.69±0.07a

（四）不同燕麦品种对 V-Score 评分的影响

根据 4 个燕麦品种氨态氮/总氮、乙酸、丙酸和丁酸发酵品质含量测定的结果，采用 V-Score 评分体系对青贮发酵品质进行综合评分，V-Score 评分越高，青贮效果越好。由表 5-7 可知，4 个燕麦品种的平均分值都在 80 以上，甜燕 70 的 V-Score 评分最高为 87.13，其次是甜燕 2 号的 V-Score 评分为 86.80，甜燕 1 号和甜燕 60 V-Score 评分分别为 85.38、83.61，甜燕 60 和甜燕 70 两个燕麦品种间差异显著（$P<0.05$），两个品种间 V-Score 评分相差

3.52，由高到低依次为甜燕70＞甜燕2号＞甜燕1号＞甜燕60，发酵品质均为优质。其中没有劣质的品种，说明燕麦是一种良好的青贮原料。4个燕麦品种氨态氮/总氮之间无显著差异（$P>0.05$），测得氨态氮/总氮的评分均为50。甜燕70乙酸＋丙酸的含量评分最高为3.53，其次是甜燕1号，为3.38，甜燕2号和甜燕60两个燕麦品种所测乙酸＋丙酸含量评分均为0.00。与甜燕1号相差3.38，与甜燕70相差3.53。4个燕麦品种丁酸含量评分的平均值为34.01，其中甜燕2号丁酸含量评分最高，为36.83，甜燕1号丁酸含量评分最低为32.00，两个品种间丁酸含量评分相差4.83，甜燕70与甜燕60丁酸含量评分分别为33.60和33.61，两个品种间丁酸含量无显著差异（$P>0.05$）。

表 5-7　4 个燕麦品种发酵品质的 V-Score 评分

项目	氨态氮/总氮 （Y_N）	乙酸＋丙酸 （Y_A）	丁酸 （Y_B）	V-Score $Y=Y_N+Y_{AP}+Y_B$
甜燕 1 号	50.00±0.00[a]	3.38±0.25[a]	32.00±6.21[ab]	85.38±1.53[ab]
甜燕 2 号	50.00±0.00[a]	0.00	36.83±1.22[a]	86.80±3.29[ab]
甜燕 70	50.00±0.00[a]	3.53±0.16[a]	33.60±2.01[a]	87.13±1.23[a]
甜燕 60	50.00±0.00[a]	0.00	33.61±1.39[a]	83.61±6.22[b]

（五）不同燕麦品种青贮灰色关联度分析评价

根据不同燕麦青贮后的营养和发酵等指标，建立一个"最优"参考数列计算关联系数进行综合分析，由表5-8可知，4个品种燕麦的pH关联度均为1，反映了试验中不同燕麦品种的pH与理想指标的pH大小差异不大。甜燕2号的乳酸关联度最高为0.930，乙酸关联度为0.999，接近于1，与理想指标的相似度很高。甜燕60的丁酸关联度最接近理想指标，其次为甜燕70，关联度指数分别为0.999和0.997。甜燕70的氨态氮灰色关联度与理想指标有一定的差距，其余三个品种的氨态氮关联度均达到了0.9以上。甜燕1号的总挥发性脂肪关联度与理想指标有一定的差距，甜燕2号的总挥发性脂肪酸灰色关联度为0.999，与理想指标最接近。甜燕1号的干物质和粗蛋白关联度与理想指标最接近。酸性洗涤纤维灰色关联度最低的燕麦品种为甜燕1号，其次为甜燕2号；甜燕1号的中性洗涤纤维灰色关联度最大为1.000。4个燕麦品种中，甜燕60的可溶性糖灰色关联指数最接近理想指标，甜燕2号的最低为0.770。甜燕2号粗脂肪灰色关联指数最接近理想指标。V-Score评分的4个燕麦品种中，甜燕2号得分最高，为0.974，其次是甜燕1号，为0.971。由平均关联度可知，4个燕麦品种中甜燕1号最高为0.892。根据4个品种的燕麦青贮后营养和发酵等各指标的关联度，综合排名为甜燕1号＞甜燕2号＞甜燕60＞甜燕70。

表 5-8　不同燕麦品种青贮各指标灰色关联分析

项目	甜燕 1 号	甜燕 2 号	甜燕 70	甜燕 60
pH	1.000	1.000	1.000	1.000
乳酸	0.873	0.930	0.899	0.658
乙酸	0.875	0.999	0.888	0.921
丙酸	0.943	0.927	0.940	0.992
丁酸	0.996	0.988	0.997	0.999
氨态氮	0.939	0.940	0.780	0.937
总挥发性脂肪酸	0.899	0.999	0.910	0.986
干物质	1.000	0.459	0.782	0.599
粗蛋白	0.958	0.848	0.829	0.785
酸性洗涤纤维	0.333	0.406	0.726	0.744
中性洗涤纤维	1.000	0.863	0.805	0.646
可溶性糖	0.823	0.770	0.938	0.985
粗脂肪	0.872	0.999	0.967	0.971
V-Score 评分	0.971	0.974	0.413	0.801
平均关联度	0.892	0.864	0.848	0.859
排名	1	2	4	3

第二节　讨论与结论

一、讨论

　　不同燕麦品种调制青贮饲料时其营养成分含量间存在差异，CP、NDF、ADF 是影响青贮饲料营养品质的重要指标。ADF 和 NDF 含量越低，青贮饲料的消化率越高，饲用价值越高（黄孟霖，2020）。赵世锋等（2005）制作燕麦青贮饲料时在乳熟期进行刈割，其 DM 和 WSC 含量较高，有利于青贮。本试验中 4 个燕麦品种 DM 含量在 39.32%～45.27%，CP 含量最低为甜燕 60，其 ADF 含量最高。因此可见，燕麦制作青贮时需要选择最佳营养时期进行刈割，减少营养流失。

　　成功的青贮加工中，营养成分中 WSC 含量多少是衡量青贮成功与否的一个重要指标。青贮发酵过程中 WSC 为乳酸菌提供了充足的发酵底物，供乳酸菌进行生长繁殖，青贮饲料中 WSC 含量多，产生足量的乳酸，抑制有害微生物的繁殖，当 WSC 含量 3% 时，青贮饲料得以良好保存（Muck R E，1996）。本试验中，甜燕 1 号、甜燕 2 号、甜燕 70 和甜燕 60 的 4 个品种 WSC 含量＞

3%，相对较高，属于优质青贮原料。

青贮过程通过微生物厌氧发酵降低 pH，并提供稳定的环境来抑制有害微生物。随着 DM 含量的增加，细菌的活性受到低水分的限制。青贮 pH 对青贮品质有重要影响。通常，由于乳酸菌合成乳酸，发酵和保存良好的青贮料的最终 pH 可降至 4.0 或更低（McDonald P et al，1991）。本试验中 4 个燕麦品种 pH 为 4.04～4.54，均呈酸性，与 Wang 等（2020）试验结果一致，有利于青贮发酵。因为青贮发酵过程中 WSC 提供了充足的发酵底物，促进了乳酸发酵。

V-Score 评分体系是评价青贮饲料发酵质量常用且重要的方法之一；V-Score 评分越高，青贮效果越好（刘辉，2015）。V-Score 评分体系是采用日本粗饲料评分体系，是以挥发性脂肪酸、乙酸、丙酸、丁酸和氨态氮/总氮（AN/TN）含量为评定指标对青贮饲料进行评价，满分 100 分。根据评分体系，将青贮营养品质分为良好（＞80 分）、尚可（60～80 分）和不良（＜60 分）3 个级别（唐如雪，2022）。氨态氮/总氮比值越大，青贮质量越差，青贮饲料中蛋白质及氨基酸的分解程度和氨态氮/总氮比值有关，青贮饲料氨氮与总氮的比值在 5%～7%的范围表示青贮效果发酵良好（张养东等，2016）。本研究氨态氮与总氮比值均等于 5%，表明蛋白质及氨基酸的分解少，发酵过程良好。青贮饲料有机酸的种类及含量可以直接反映青贮饲料的发酵品质（何志军等，2018）。青贮发酵主要在厌氧条件下进行，而厌氧环境有利于有机酸的产生，青贮发酵中乳酸和乙酸的含量越高，青贮品质越好，适当的乙酸和丙酸有益于青贮的发酵（李乔仙等，2021），而丁酸含量高，则严重影响家畜的采食率（Aisan A et al，1997）。李荣荣等（2020）通过研究贮藏温度和青贮时间对高水分苜蓿青贮发酵品质的影响发现，青贮 56d 后，青贮后最高的乳酸含量和最低的丁酸和氨态氮含量 V-Score 评分等级为尚可；唐艳仪等（2022）研究表明，在混合青贮饲料中添加 15%的黑曲霉菌液的 pH 最低，乳酸最高，氨态氮与总氮的比值最低，V-Score 评分最高；琚泽亮等（2019）研究发现，7 个燕麦品种中晋燕 17 号的丁酸含量最高，其乳酸含量最低，V-Score 评分最低。本试验中，4 个燕麦品种中甜燕 70 丁酸含量高，乳酸含量低，V-Score 评分较高。主要可能是青贮密封条件差，导致空气进入，乳酸生成较少，适于有害菌的生存和繁殖，产生大量丁酸，降低适口性，品质下降。

氨态氮是评价发酵质量的另一个重要成分。适口性、采食量和氮素利用率随着青贮料中氨态氮含量的增加而降低。青贮期最初几天的快速酸化对于控制梭状芽孢杆菌的繁殖至关重要，因为梭状芽孢杆菌可能会导致蛋白质和氨基酸的水解，并产生大量的氨态氮。Kaiser 等（2000）指出，发酵品质好的青贮饲料氨态氮含量应低于 10%。本试验中，4 个燕麦品种氨态氮含量没有显著差异，都小于 10%，说明饲草中蛋白质没有大量分解，营养物质保存较好。

灰色关联度分析是一种常用的综合评价系统，能够较为全面地反映一个品种综合性能的优劣，已有前人运用此方法对不同地区燕麦营养品质进行了综合评价（王慧等，2021）。史威威等（2020）通过对评价饲草优劣最重要的三个指标（CP、NDF、ADP 含量）进行灰色关联度分析并排序，筛选出最适合引种的品种和最佳收获时间。任丽娟等（2021）运用主成分分析和灰色关联度分析方法对不同地区的全株玉米青贮进行综合分析，得出玉米青贮品质最适地区，主成分分析和灰色关联度分析结果基本一致。关联系数越接近于 1，关联度越大，反之关联度较小（曹彩红等，2022）。本研究中选取 4 个燕麦品种青贮前 8 个指标和青贮后 11 个指标进行灰色关联度法综合评价，甜燕 1 号和甜燕 2 号 2 个燕麦品种的综合评价指标最高，更接近理想值。

二、结论

根据不同燕麦品种青贮灰色关联度分析评价，4 种燕麦排序为甜燕 1 号＞甜燕 2 号＞甜燕 60＞甜燕 70。本试验中 4 个燕麦品种 DM 含量在 39.32%～45.27%，CP 含量最低为甜燕 60，甜燕 1 号的 CP 和 WSC 含量较高，为 12.41% 和 3.90%；pH 最低，为 4.04；通过 V-Score 评分和灰色关联度分析综合评价甜燕 1 号为青贮最优品种。由此可见，燕麦制作青贮时需要选择营养最佳时期进行刈割，减少营养流失。

第六章 干燥过程中燕麦干草及土壤微生物数量及真菌群落结构变化规律

第一节 干燥过程中燕麦干草及土壤微生物数量研究

一、试验材料与方法

(一)试验地概况

试验在包头市鑫泰农业科技有限责任公司种植基地试验田进行。试验地位于内蒙古自治区包头市九原区哈林格尔镇,处于土默川平原和河套平原结合部。地理位置为东经110°37″—110°27″,北纬40°5″—40°17″,在包头市西南郊,西连巴彦淖尔市乌拉特前旗,北依大青山,南临黄河,与鄂尔多斯市达拉特旗相望。属北温带大陆气候,干旱多风,春季少雨,夏季温和短促,秋季凉爽温差大,冬季寒冷。全年主导风向为西北风,年平均气温6.8℃,7月平均气温22.5~23.1℃,1月平均气温-13.7℃。无霜期约165d,最大冻土深度1.4m,年平均降水量330mm,年平均蒸发量2 094mm,日平均风速3m/s;全年日照时数3 177h,年日照百分率为70%,是全国日照最丰富的地区之一。

(二)材料来源

试验材料为皮燕麦—蒙燕3号。2018年秋耕施有机肥每亩1 500~2 000kg。播种前晒种1~2d,并用0.2%三唑酮药剂拌种,防治黑穗病。2019年5月27播种,采用机械条播,行距为20~25cm,播种深度4~6cm。一般播种量为每亩8~10kg,播种时施磷酸二铵每亩5.0~7.5kg、尿素每亩3kg,适量钾肥。拔节期浇第一水,并追施尿素每亩2.5~5.0kg。8月23日蜡熟期收获整株燕麦。

(三)试验设计

牧草刈割后茎和根通路被切断,根系从土壤中吸收的水分无法通过水势和蒸腾拉力运输到牧草地上部分,在太阳照射、高温和大气水势差的外界条件下,牧草水分会通过维管系统和细胞间的气孔及角质层两种方式散失[66]。大量研究结果表明,刈割当日牧草水分散失的速度高于次日,当牧草含水量低于

40％以后，干燥的速度就会更低。在自然干燥条件下，要想获得安全含水量18％以下的牧草，一般需要晾晒96～120h[136,137]。因此，本试验按照燕麦刈割后自然晾晒5d（120h）进行试验设计。

试验选择连续5d内天气晴朗、无降雨进行燕麦刈割（蜡熟期，留茬5～8cm）。刈后就地晾晒5d。在此期间，于每天上午9：00随机取晾晒地表面土壤样品（以下简称"表土"）及燕麦样品，每次取样重复6次，冰盒保存带回实验室测定燕麦样品中微生物数量、真菌种类及组成、霉菌毒素含量及营养品质指标；测定表土样品中微生物数量、真菌种类及组成。另外，晾晒第1天，除取燕麦、表土外，同时取了燕麦的根和根土样品，每次取样重复6次，冰盒保存带回实验室测定根和根土样品中微生物数量、真菌种类及组成。

（四）微生物数量测定方法

参考 Yuan 等[138]的方法采用平板计数法进行霉菌、酵母菌、大肠菌群和好氧细菌数量的测定。具体步骤如下：

1. 配置培养基

按照公司给定的培养基配制说明配制培养基，然后置于温度121℃高压灭菌锅灭菌20min。将上述灭菌后的培养基冷却至约为60℃时，倒入无菌平板中，每个平板大约需要倒入25mL培养基液体。静置于无菌操作台内，冷却后即可使用。

2. 浸提液制备及梯度稀释

称取10g（包括燕麦、根）或20g（表土、根土）样品放入无菌自封袋内，分别加90或80mL无菌蒸馏水，经均质振荡器（12次/s，1min40s）震荡使其充分混合。在超净工作台中用移液枪（装有无菌枪头）取20μL浸提液注入装有980μL无菌水的1.5mL规格的离心管中，振荡均匀即制得10^{-1}样品稀释液。继续用移液枪（换头）取20μL10^{-1}稀释液注入另一支装有980μL无菌水的1.5mL规格的离心管中，即得到10^{-2}样品稀释液。按此操作方法依次配制稀释液。直至制成10^{-1}～10^{-5} 5个不同浓度的样品稀释液用于霉菌、酵母菌、大肠菌群和好氧细菌的计数。

3. 涂布

标记已备好的无菌培养基平板，分别将稀释液20μL滴于对应标记的平板上，按照浓度由低到高，用灭菌的涂布棒依次涂布均匀。此操作在超净工作台酒精灯旁进行。

4. 微生物培养

涂布好的平板在超净工作台中放置20～30min后，将平板倒置放入恒温培养箱（37℃）中培养48h。

5. 微生物计数

培养 48h 后，取菌落数量在 30～300 个的平板进行计数。

（五）微生物数量数据分析

采用 Microsoft Excel 2016 初步整理数据。采用 Excel 2016 软件进行燕麦、表土微生物数量的变化趋势分析。采用 R 软件的 Performance Analytics 安装包进行燕麦干草与表土微生物数量的相关分析，晾晒第 1 天燕麦、根、表土和根土微生物数量的相关分析以及燕麦与表土优势菌属相关分析。

采用 SAS9.2 CANCORR 和 CORRESP 过程对晾晒第 1 天燕麦、根、表土和根土微生物数量以及燕麦或表土的微生物数量与晾晒时间进行对应分析并将输出结果绘制成图。对应分析可以提供三方面的有用信息：①变量间的关系，即用以因子轴为坐标轴的图形上相邻近的一些变量点来表示这些变量的关系密切程度。②样品点间的关系，即把具有相似性质的邻近样品点归属于同一类。③变量与样品之间的关系，即以邻近变量表征统一类型的样品点。对应分析是将上述 3 种信息在同一张图上表示出来，从而可以进行分类和统计推断解释。

二、试验结果与分析

（一）晾晒过程中微生物数量分析

1. 燕麦干草微生物数量变化规律

由图 6-1（a）可知，随着晾晒时间的延长，燕麦附着霉菌、酵母菌、大肠菌群和好氧细菌数量总体呈增加趋势。晾晒第 1 天和第 3 天微生物数量由多到少的顺序为好氧细菌＞大肠菌群＞酵母菌＞霉菌；晾晒第 2 天和第 4 天酵母菌和大肠菌群数量基本接近，微生物数量由多到少的顺序为好氧细菌＞大肠菌群＝酵母菌＞霉菌。燕麦干草晾晒至第 5 天时，其表面附着大肠菌群数量显著升高至 $8.84\log_{10}$ cfu/g，与好氧细菌数量持平，微生物数量由多到少的顺序为好氧细菌＝大肠菌群＞酵母菌＞霉菌。此外，由图 6-1（a）可知，燕麦刈割后晾晒期间（1～5d）细菌总数（按好氧细菌和大肠菌群数量计算）明显大于真菌总数（按酵母菌和霉菌总数计算）。由图 6-1（b）可知，燕麦总微生物数量随晾晒时间的延长呈对数曲线（函数关系式为 $y = 3.444\,8\ln x + 24.41$，$R^2 = 0.870\,4$）增加趋势，即当晾晒达到一定时间后，其对燕麦微生物数量影响作用增加的幅度下降。

2. 土壤微生物数量变化规律

由图 6-2（a）可知，随着晾晒时间的延长，表土附着酵母菌、大肠菌群和好氧细菌数量总体呈增加趋势，霉菌数量呈先增加后降低的趋势。晾晒期间表土微生物数量差异明显，微生物数量由多到少的顺序为好氧细菌＞大肠菌群＞

酵母菌＞霉菌。同样，晾晒期间表土所测细菌总数也明显高于真菌总数。由图6-2（b）可知，表土总微生物数量随晾晒时间的延长呈对数曲线（函数关系式为 $y=2.4614\ln x+20.103$，$R^2=0.8789$）增加趋势，即当晾晒达到一定时间后，其对表土微生物数量影响作用增加的幅度下降。

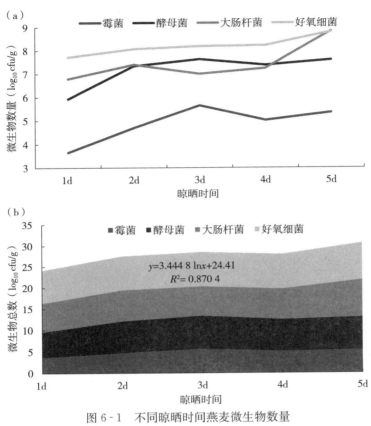

图 6-1　不同晾晒时间燕麦微生物数量

a. 微生物数量　b. 数量与时间的关系

3. 燕麦与土壤微生物数量相关分析

晾晒期间燕麦与土壤微生物数量相关分析结果如图 6-3 所示，燕麦霉菌数量与其酵母菌（$R=0.89$，$P<0.001$）、大肠菌群（$R=0.46$，$P<0.05$）、好氧细菌（$R=0.60$，$P<0.001$）数量成显著正相关关系；燕麦酵母菌数量与其大肠菌群（$R=0.49$，$P<0.01$）、好氧细菌（$R=0.55$，$P<0.01$）成显著正相关关系；燕麦大肠菌群与其好氧细菌（$R=0.78$，$P<0.001$）成显著正相关。表土大肠菌群与其好氧细菌成显著正相关（$R=0.78$，$P<0.001$）。

燕麦霉菌数量与表土好氧细菌成显著正相关关系（$R=0.38$，$P<0.05$）。燕麦大肠菌群与表土大肠菌群和好氧细菌成显著正相关（$R=0.58$，$P<$

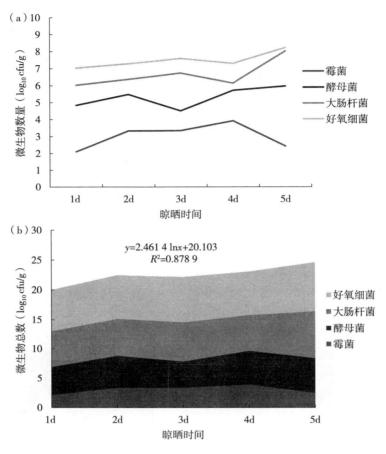

图 6-2　不同晾晒时间土壤微生物数量

a. 微生物数量　b. 数量与时间的关系

0.001)。燕麦好氧细菌与表土好氧细菌成显著正相关（$R=0.47$，$P<0.01$）。

4. 燕麦、根、表土及根土微生物数量相关分析

晾晒第 1 天燕麦表面附着酵母菌数量与其霉菌数量（$R=0.88$，$P<0.05$）和根土大肠菌群数量（$R=0.81$，$P<0.05$）成显著正相关；燕麦大肠菌群数量和表土霉菌数量显著负相关（$R=0.87$，$P<0.05$）。表土好氧细菌和燕麦根的霉菌数量显著负相关（$R=0.93$，$P<0.01$）；表土酵母菌与根土酵母菌显著正相关（$R=0.87$，$P<0.05$）。根的酵母菌与其大肠菌群（$R=0.83$，$P<0.05$）和好氧细菌（$R=0.93$，$P<0.01$）显著正相关。根土的好氧细菌与其大肠菌群显著正相关（$R=0.93$，$P<0.01$）（图 6-4）。

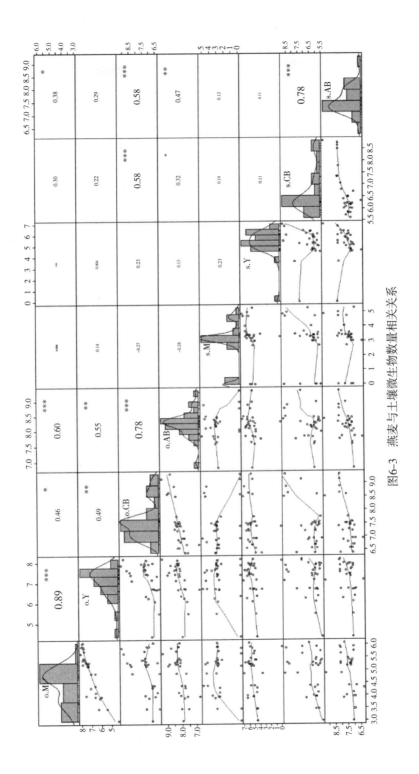

图6-3 燕麦与土壤微生物数量相关关系

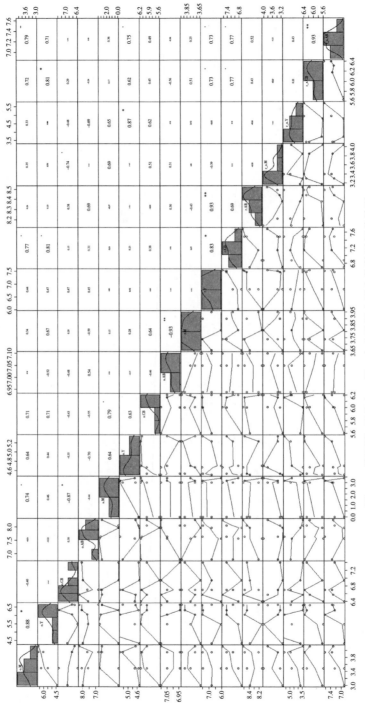

图6-4 晾晒第1天燕麦、根、表土及根土微生物数量相关关系

5. 燕麦、根、表土及根土微生物数量对应分析

（1）燕麦、根、表土和根土的特征向量分析　燕麦、根、表土和根土的特征向量分析结果见表 6-1，第一坐标（Dim1）、第二坐标（Dim2）为燕麦、根、表土和根土在两个公因子上的载荷，其中燕麦在两个公因子上的载荷结果可以表示为 $Oat=0.019\ 8Dim1+0.024\ 7Dim2$，其他样品在两个公因子上的载荷详见表 6-1。表土和根土在第一公因子（第一坐标）和第二公因子（第二坐标）所承载信息均较大，而根在第二公因子上承载信息较大，但在第一公因子所承载信息较小，燕麦在第二公因子所承载信息较大。因此，第二坐标可以反映样品变化情况。贡献率之和（Quality）表示两公因子反映的样品微生物数量信息情况，从表 6-1 可知，两个公因子所代表的样品数量信息大小依次为表土＞根土＞根＞燕麦。由于承载信息均在 90％以上，可以采用两个公因子的承载信息代替原信息。和占百分比（Mass）表示原始数据中各列数据之和占合计的百分比（％），此信息反映出根＞燕麦＞根土＞表土。这说明所测得的晾晒第 1 天 4 类样品的微生物数量总体上变化规律为根＞燕麦＞根土＞表土。变量占特征值比（Inertia）表示 4 类样品对总特征值贡献百分比，贡献率大小依次为表土＞根土＞根＞燕麦。

表 6-1　不同样品的特征向量

样品	特征向量		变量占比统计		
	第一坐标	第二坐标	贡献率之和	和占百分比	变量占特征值比
燕麦 Oat-1d	0.019 8	0.024 7	0.965 9	0.262 9	0.043 3
根 Root-1d	−0.014 1	0.058 6	0.996 1	0.288 2	0.166 2
表土 Topsoil-1d	−0.096 9	−0.053 3	1.000 0	0.218 2	0.422 0
根土 Rootsoil-1d	0.086 5	−0.051 0	0.999 5	0.230 8	0.368 5

（2）燕麦、根、表土和根土的欧式距离　由于第一、第二特征向量承载 4 类样品信息均在 90％以上，因此，对 4 类样品六维空间距离可以采用特征向量的二维空间距离代替，其不仅计算比较简单，同时更能反映 4 类样品微生物数量的差异程度。

样品在平面直角坐标系上的位置代表样品在双因子上的载荷信息。坐标系两点间的直线距离就是欧式距离，欧式距离的大小代表不同样品的相近程度（表 6-2）。例如，燕麦与根的欧式距离＝ $\{[0.019\ 8-(-0.014\ 1)]^2+(0.024\ 7-0.058\ 6)^2\}^{1/2}=0.047\ 9$，根与表土的欧式距离为 0.139 2，表土与根土的欧式距离为 0.183 4。由此可知，以各微生物数量为指标的样品变量（燕麦和根）的直线距离最短，即表示燕麦和根之间的微生物数量最接近；表土和根土的距离最大，表明根土和表土的微生物数量差异较大。

表 6-2　不同样品之间的欧氏距离

样品	根 Root-1d	表土 Topsoil-1d	根土 Rootsoil-1d
燕麦 Oat-1d	0.047 9	0.140 4	0.100 9
根 Root-1d		0.139 2	0.148 8
表土 Topsoil-1d			0.183 4

（3）不同样品的贡献率及信息量分析　每个公因子上每个变量的贡献率和变量在双公因子上的贡献率（表 6-3）显示，燕麦和根在第二公因子上的贡献率较大，而表土和根土在第一公因子上贡献率较大。在信息量和总信息量中，0、1、2 是各变量的坐标对特征值贡献多少的标志，贡献少、中、多依次用 0、1、2 来表示。由此可知，坐标对特征值贡献较多的是燕麦和根，而表土和根土坐标对特征值的贡献较少。

表 6-3　不同样品的贡献率及信息量分析

样品	公因子上变量的贡献率		变量在公因子上贡献率		信息量		总信息量
	第一坐标	第二坐标	第一坐标	第二坐标	第一坐标	第二坐标	
燕麦 Oat-1d	0.026 3	0.067 9	0.378 0	0.587 9	0	0	2
根 Root-1d	0.014 5	0.417 5	0.054 2	0.941 9	0	2	2
表土 Topsoil-1d	0.520 3	0.261 4	0.767 8	0.232 2	1	1	1
根土 Rootsoil-1d	0.439 0	0.253 1	0.742 0	0.257 5	1	1	1

（4）各微生物数量指标的特征向量分析　不同微生物数量指标特征向量的分析结果见表 6-4，第一坐标、第二坐标为 4 个微生物变量在两个公因子上的载荷，其结果可以表示为霉菌＝0.147 6$Dim1$+0.033 5$Dim2$，其他微生物指标在两公因子上的载荷详见表 6-4。由此，可以看到，除霉菌外，其他 3 个微生物指标在第二公因子所承载信息均较大。因此，第二坐标可以看做是不同微生物指标在坐标系内的位置变动情况。

贡献率之和表示两个公因子反映的微生物指标信息情况，由表 6-4 可以看到，两公因子所代表的微生物数量信息大小依次为霉菌＝酵母菌＞好氧细菌＞大肠菌群。由于承载信息均在 95％以上，可以采用两公因子承载的信息代替原指标信息。和占百分比反映出总体上的变化规律为好氧细菌＞大肠菌群＞酵母菌＞霉菌。这说明所测定的微生物数量与样品来源的相关性总体上的变化规律为好氧细菌＞大肠菌群＞酵母菌＞霉菌。变量占特征值比表示微生物数量对总特征值贡献百分比，大小依次为霉菌＞酵母菌＞好氧细菌＞大肠菌群。由此可以看到，酵母菌和霉菌的数量在各相关贡献率占比排位情况存在变动，而好氧细菌和大肠菌群的数量相对稳定。

表6-4　样品间不同微生物指标的特征向量

微生物指标	特征向量		变量占比统计		
	第一坐标	第二坐标	贡献率之和	和占百分比	变量占特征值比
霉菌	0.147 6	0.033 5	1.000 0	0.142 8	0.517 1
酵母菌	−0.055 0	0.074 8	1.000 0	0.241 3	0.328 7
大肠菌群	−0.014 2	−0.031 9	0.976 4	0.285 2	0.056 4
好氧细菌	−0.011 3	−0.041 5	0.990 2	0.330 7	0.097 8

（5）各微生物指标的欧式距离　欧氏距离的大小代表微生物指标的相关程度，如霉菌和酵母菌之间的欧式距离 $= \{[0.147\,6 - (-0.055\,0)]^2 + (0.033\,5 - 0.074\,8)^2\}^{1/2} = 0.206\,8$，其他微生物指标间的欧氏距离见表6-5。由表中数据可知，大肠菌群和好氧细菌之间的相关关系最近，其次为大肠菌群和酵母菌，酵母菌和霉菌之间的关系最远。

表6-5　样品间微生物指标之间的欧氏距离

微生物指标	酵母菌	大肠菌群	好氧细菌
霉菌	0.206 8	0.174 5	0.175 7
酵母菌		0.114 2	0.124 2
大肠菌群			0.010 0

（6）各微生物指标的贡献率及信息量分析　每个公因子上每个变量的贡献率显示，霉菌和酵母菌在第一公因子上的贡献率较大，大肠菌群和好氧细菌在第一公因子上的贡献率较小；酵母菌和好氧细菌在第二公因子上的贡献率较大，霉菌在第二公因子上的贡献率最小。

变量在双公因子上的贡献率数据表明，除霉菌外，其他微生物指标在第二公因子上的贡献率相对第一公因子占有绝对优势。再次说明第二坐标轴可以反映微生物数量信息。表6-6信息量和总信息量数据显示，酵母菌、大肠菌群和好氧细菌数量坐标对特征值贡献较多，而霉菌数量坐标对特征值的贡献较少。

表 6-6　样品间微生物指标的贡献率及信息量分析

微生物指标	公因子上变量的贡献率		变量在公因子上贡献率		信息量		总信息量
	第一坐标	第二坐标	第一坐标	第二坐标	第一坐标	第二坐标	
霉菌	0.789 4	0.067 8	0.950 9	0.049 1	1	0	1
酵母菌	0.185 1	0.569 2	0.350 7	0.649 2	2	2	2
大肠菌群	0.014 6	0.122 6	0.161 6	0.814 9	0	2	2
好氧细菌	0.010 8	0.240 4	0.068 8	0.921 3	0	2	2

（7）各样品与微生物数量的对应分析　将不同样品与微生物数量指标的对应分析结果绘制成图，如图 6-5 所示。样品在纵坐标（第二坐标）两侧，其中根和燕麦距离纵坐标较近。表土与霉菌距离最远，表明表土里含有的霉菌数量最少。燕麦、根与根土和霉菌的距离显著小于表土，表明燕麦、根与根土里附着的霉菌数量显著多于表土。表土和根土与大肠菌群和好氧细菌的距离相近，且分布于纵坐标轴的 0 点以下，表明表土和根土里附着的大肠菌群和好氧细菌较燕麦和根少得多。相反，燕麦和根的好氧细菌和大肠菌群数量显著高于表土和根土。

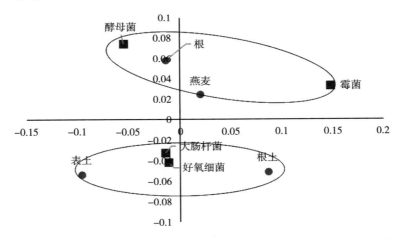

图 6-5　各样品与微生物数量对应分析

（二）微生物数量与晾晒时间的对应分析

1. 燕麦微生物数量与晾晒时间的对应关系

（1）不同晾晒时间的特征向量分析　不同晾晒时间的特征向量分析结果见表 6-7，第一坐标、第二坐标为 5 个晾晒时间在两个公因子上的载荷，其中晾晒第一天在两个公因子上的载荷结果可以表示为 $Oat-1d=-0.076\ 3Dim1-$

0.025 3$Dim2$，其他晾晒时间在两个公因子上的载荷详见表6-7。由此可知，晾晒第1、3、4天在第一公因子（第一坐标）上承载信息较大，而晾晒第2和5天在第二公因子（第二坐标）上承载信息较大，但在第一公因子承载信息较小。因此，需要用两个坐标来反映晾晒时间微生物数量的变化情况。贡献率之和表示两个公因子反映的不同晾晒时间燕麦附着微生物数量情况，从表6-7可知，两个公因子所代表的晾晒时间信息大小依次为 Oat-5d＞Oat-1d＞Oat-4d＞Oat-3d＞Oat-2d。除 Oat-2d 外，其他时间所承载信息均在90％以上，可以采用两个公因子的承载信息代替原信息。和占百分比此信息反映出 Oat-5d＞Oat-3d＞Oat-4d＞Oat-2d＞Oat-1d，这说明所测得的微生物数量总体上变化规律为 Oat-5d＞Oat-3d＞Oat-4d＞Oat-2d＞Oat-1d。变量占特征值比表示晾晒时间对总特征值贡献的百分比，贡献率大小依次为 Oat-1d＞Oat-3d＞Oat-5d＞Oat-4d＞Oat-2d。

表6-7 燕麦不同晾晒时间的特征向量

晾晒时间	特征向量		变量占比统计		
	第一坐标	第二坐标	贡献率之和	和占百分比	变量占特征值比
Oat-1d	−0.076 3	−0.025 3	0.986 0	0.174 0	0.390 9
Oat-2d	−0.001 9	−0.005 2	0.075 3	0.198 6	0.027 9
Oat-3d	0.072 7	−0.005 5	0.981 6	0.205 5	0.381 6
Oat-4d	0.021 1	−0.009 9	0.985 8	0.201 1	0.037 9
Oat-5d	−0.025 0	0.038 7	0.995 1	0.220 9	0.161 6

（2）不同晾晒时间的欧式距离 由于第一、第二特征向量承载不同晾晒时间的信息大部分在90％以上，因此，对5个不同晾晒时间的六维空间距离可以采用特征向量的二维空间距离代替，其不仅计算比较简单，同时更能反映5个晾晒时间梯度上微生物数量的差异程度。

晾晒时间在平面直角坐标系上的位置代表其在双因子上的载荷信息。坐标系两点间的直线距离就是欧式距离，欧式距离的大小代表不同晾晒时间微生物数量的相近程度（表6-8）。例如晾晒第1天与第2天的欧式距离＝$\{[-0.076\ 3-(-0.001\ 9)]^2+[-0.025\ 3-(-0.005\ 2)]^2\}^{1/2}=0.077\ 1$，第2天与第4天的欧式距离为0.023 5，第1天与第3天的欧式距离为0.150 3。由此可以看到，以各微生物数量为指标的晾晒时间变量（第2天和第4天）的直线距离最短，即表示第2天和第4天的微生物数量最接近；第1天和第3天的距离最大，表明第1天和第3天的微生物数量差异最大。

表 6 - 8　燕麦不同晾晒时间之间的欧氏距离

晾晒时间	Oat-2d	Oat-3d	Oat-4d	Oat-5d
Oat-1d	0.077 1	0.150 3	0.098 6	0.082 0
Oat-2d		0.074 6	0.023 5	0.049 6
Oat-3d			0.051 8	0.107 2
Oat-4d				0.067 0

（3）不同晾晒时间的贡献率及信息量分析　每个公因子上每个变量的贡献率和变量在双公因子上的贡献率（表 6 - 9）显示，晾晒第 2、5 天在第二公因子上的贡献率较大，而晾晒第 1、3、4 天在第一公因子上贡献率较大。由此可知，坐标对特征值贡献较多的是晾晒第 2、4、5 天。而晾晒第 1、3 天坐标对特征值的贡献较少。

表 6 - 9　燕麦不同晾晒时间的贡献率及信息量分析

晾晒时间	公因子上变量的贡献率		变量在公因子上贡献率		信息量		总信息量
	第一坐标	第二坐标	第一坐标	第二坐标	第一坐标	第二坐标	
Oat-1d	0.435 2	0.234 9	0.888 5	0.097 5	1	1	1
Oat-2d	0.000 3	0.011 4	0.009 0	0.066 3	0	0	2
Oat-3d	0.466 7	0.013 0	0.976 0	0.005 5	1	0	1
Oat-4d	0.038 4	0.041 7	0.807 7	0.178 2	0	0	2
Oat-5d	0.059 4	0.699 1	0.293 2	0.702 0	0	2	2

（4）各微生物数量指标的特征向量分析　不同微生物数量指标特征向量的分析结果见表 6 - 10，第一坐标、第二坐标为 4 个微生物变量在两个公因子上的载荷，其结果可以表示为霉菌＝$0.080\ 3Dim1＋0.017\ 7Dim2$，其他微生物指标在两公因子上的载荷详见表 6 - 10。由此可以看到，4 个微生物指标在第一公因子所承载信息均较大。因此，第一坐标可以看作是不同微生物指标在坐标系内的位置变动情况。

贡献率之和表示两个公因子反映的微生物指标信息情况，由表 6 - 10 可以看到，两公因子所代表的微生物数量信息大小依次为大肠菌群＞霉菌＞好氧细菌＞酵母菌。由于 3 种微生物承载信息均在 95％ 以上，可以采用两公因子承载的信息代替原指标信息。和占百分比反映出总体上的变化规律为好氧细菌＞大肠菌群＞酵母菌＞霉菌。这说明所测定的微生物数量与晾晒时间的相关性总体上的变化规律为好氧细菌＞大肠菌群＞酵母菌＞霉菌。变量占特征值比表示微生物数量对总特征值贡献的百分比，贡献率大小依次为霉菌＞大肠菌群＞好氧细菌＞酵母菌。由此可以看到，酵母菌和霉菌的数量在各相关贡献率占比排位情况存在变动，而好氧细菌和大肠菌群的数量相对稳定。

表 6-10　燕麦不同晾晒时间微生物数量的特征向量

微生物指标	特征向量		变量占比统计		
	第一坐标	第二坐标	贡献率之和	和占百分比	变量占特征值比
霉菌	0.080 3	0.017 7	0.979 2	0.176 0	0.417 3
酵母菌	0.031 0	−0.011 3	0.812 3	0.259 0	0.119 1
大肠菌群	−0.051 1	0.027 0	0.998 3	0.269 0	0.309 1
好氧细菌	−0.028 4	−0.025 2	0.947 5	0.296 0	0.154 5

（5）各微生物指标的欧式距离　欧氏距离的大小代表微生物指标的相关程度，如霉菌和酵母菌之间的欧式距离 $= \{[0.080\ 3 - (0.031\ 0)]^2 + (0.017\ 7 + 0.011\ 3)^2\}^{1/2} = 0.057\ 2$，其他微生物指标间的欧氏距离见表 6-11。由表中数据可知，大肠菌群和好氧细菌之间的相关关系最近，其次为霉菌和酵母菌，大肠菌群和霉菌之间的关系最远。

表 6-11　燕麦微生物指标之间的欧氏距离

微生物指标	酵母菌	大肠菌群	好氧细菌
霉菌	0.057 2	0.131 729	0.116 859
酵母菌		0.090 594	0.061 005
大肠菌群			0.056 9

（6）各微生物指标的贡献率及信息量分析　每个公因子上每个变量的贡献率显示，霉菌和酵母菌在第一公因子上的贡献率较大，大肠菌群和好氧细菌在第二公因子上的贡献率较大。

变量在双公因子上的贡献率数据显示，第一坐标轴可以反映微生物数量信息。由表 6-12 信息量和总信息量数据显示，大肠菌群和好氧细菌数量坐标对特征值贡献较多，而霉菌和酵母菌数量坐标对特征值的贡献较少。

表 6-12　燕麦微生物数量指标的贡献率及信息量分析

微生物指标	公因子上变量的贡献率		变量在公因子上贡献率		信息量		总信息量
	第一坐标	第二坐标	第一坐标	第二坐标	第一坐标	第二坐标	
霉菌	0.488 3	0.117 2	0.933 7	0.045 6	1	0	1
酵母菌	0.106 9	0.070 5	0.716 2	0.096 1	1	0	1
大肠菌群	0.302 1	0.415 5	0.780 1	0.218 2	2	2	2
好氧细菌	0.102 7	0.396 8	0.530 7	0.416 8	0	2	2

（7）各晾晒时间与微生物数量的对应分析　将不同晾晒时间与微生物数量指标的对应分析结果绘制成图，如图 6-6 所示。晾晒时间在横坐标（第一坐标）两侧，其中霉菌和晾晒第 3 天距离横坐标较近。晾晒第 1 天与霉菌距离最远，表明晾晒第 3 天霉菌数量最多，而晾晒第 1 天霉菌数量最少。晾晒第 4 天与酵母菌距离最近，说明晾晒 4 天燕麦附着酵母菌数量最多。晾晒第 1 天和第 2 天与好氧细菌在第三象限，且距离较近，表明晾晒第 1 天和第 2 天好氧细菌数量最少。晾晒第 5 天与大肠菌群距离较近，表明晾晒第 5 天燕麦附着的大肠菌群最多。

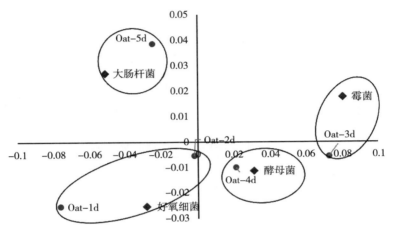

图 6-6　燕麦晾晒时间与微生物数量对应分析

2. 土壤微生物数量与晾晒时间的对应关系

（1）不同晾晒时间的特征向量分析　不同晾晒时间的特征向量分析结果见表 6-13，第一坐标、第二坐标为 5 个晾晒时间在两个公因子上的载荷，其中晾晒第一天在两个公因子上的载荷结果可以表示为 $Oat-1d = -0.082\,4Dim1 + 0.013\,1Dim2$，其他晾晒时间在两个公因子上的载荷详见表 6-13。由此可知，晾晒第 1、2、4 和 5 天在第一公因子（第一坐标）上承载信息较大，而晾晒第 3 天在第二公因子（第二坐标）上承载信息较大，但在第一公因子上承载信息较小。因此，需要用两个坐标来反映晾晒时间微生物数量的变化情况。贡献率之和表示两公因子反映的不同晾晒时间表土附着微生物数量情况，从表 6-13 可知，两个公因子所代表的晾晒时间信息大小依次为 Oat-3d＞Oat-4d＞Oat-2d＞Oat-5d＞Oat-1d。除 Oat-1d 外，其他时间所承载信息均在 90% 以上，可以采用两个公因子的承载信息代替原信息。和占百分比反映出 Oat-5d＞Oat-4d＞Oat-2d＞Oat-3d＞Oat-1d，这说明所测得的微生物数量总体上变化规律为 Oat-5d＞Oat-4d＞Oat-2d＞Oat-3d＞Oat-1d。变量占特征值比表示晾晒时间对总特征值贡献的百分比，贡献率大小依次为 Oat-4d＞Oat-5d＞Oat-1d＞Oat-3d＞Oat-2d。

表 6-13　表土不同晾晒时间的特征向量

晾晒时间	特征向量		变量占比统计		
	第一坐标	第二坐标	贡献率之和	和占百分比	变量占特征值比
Oat-1d	−0.082 4	0.013 1	0.891 6	0.178 1	0.157 5
Oat-2d	0.044 9	0.020 1	0.997 1	0.200 0	0.055 0
Oat-3d	0.033 3	−0.075 7	1.000 0	0.197 3	0.153 1
Oat-4d	0.113 0	0.031 8	0.999 8	0.205 4	0.321 2
Oat-5d	−0.110 0	0.009 5	0.968 0	0.219 1	0.313 1

（2）不同晾晒时间的欧式距离　由于第一、第二特征向量承载不同晾晒时间的信息大部分在 90% 以上，因此 5 个不同晾晒时间的六维空间距离可以采用特征向量的二维空间距离代替，其不仅计算比较简单，同时更能反映 5 个晾晒时间梯度上微生物数量的差异程度。

晾晒时间在平面直角坐标系上的位置代表其在双因子上的载荷信息。坐标系两点间的直线距离就是欧式距离，欧式距离的大小代表不同晾晒时间微生物数量的相近程度（表 6-14）。例如晾晒第 1 天与第 2 天的欧式距离＝ $\{ [-0.082\ 4 - (0.044\ 9)]^2 + [0.013\ 1 - (0.020\ 1)]^2 \}^{1/2}$ ＝0.127 5，第 4 天与第 5 天的欧式距离为 0.224 1，第 1 天与第 5 天的欧式距离为 0.027 8。由此可以看到，以各微生物数量为指标的晾晒时间变量（第 1 天和第 5 天）的直线距离最短，即表示第 1 天和第 5 天的微生物数量最接近；第 4 天和第 5 天的距离最大，表明第 4 天和第 5 天的微生物数量差异最大。

表 6-14　表土不晾晒时间之间的欧氏距离

晾晒时间	Oat-2d	Oat-3d	Oat-4d	Oat-5d
Oat-1d	0.127 5	0.145 9	0.196 3	0.027 8
Oat-2d		0.096 5	0.069 1	0.155 3
Oat-3d			0.133 8	0.166 7
Oat-4d				0.224 1

（3）不同晾晒时间的贡献率及信息量分析　每个公因子上每个变量的贡献率和变量在双公因子上的贡献率（表 6-15）显示，晾晒第 3 天在第二公因子上的贡献率较大，而晾晒第 1、2、4、5 天在第一公因子上贡献率较大。由此可知，坐标对特征值贡献较多的是晾晒第 3 天，而其他晾晒时间坐标对特征值

的贡献较少。

表 6-15   表土不同晾晒时间的贡献率及信息量分析

晾晒时间	公因子上变量的贡献率		变量在公因子上贡献率		信息量		总信息量
	第一坐标	第二坐标	第一坐标	第二坐标	第一坐标	第二坐标	
Oat-1d	0.170 0	0.020 7	0.869 7	0.021 9	1	0	1
Oat-2d	0.056 7	0.054 8	0.831 2	0.165 9	0	0	1
Oat-3d	0.030 9	0.770 0	0.162 5	0.837 5	0	2	2
Oat-4d	0.369 2	0.141 1	0.926 6	0.073 2	1	1	1
Oat-5d	0.373 2	0.013 4	0.960 5	0.007 1	1	0	1

（4）各微生物数量指标的特征向量分析   不同微生物数量指标特征向量的分析结果见表 6-16，第一坐标、第二坐标为 4 个微生物变量在两个公因子上的载荷，其结果可以表示为霉菌 = $0.206\ 8Dim1 - 0.019\ 1Dim2$，其他微生物指标在两公因子上的载荷详见表 6-16。由此可以看到，除酵母菌外，其他 3 个为微生物指标在第一公因子上承载信息均较大。因此，第一坐标可以看作不同微生物指标在坐标系内的位置变动情况。

贡献率之和表示两个公因子反映的微生物指标信息情况，由表 6-16 可以看到，两公因子所代表的微生物数量信息大小依次为酵母菌＞霉菌＞大肠菌群＞好氧细菌。由于 3 种微生物承载信息均在 95％以上，可以采用两公因子承载的信息代替原指标信息。和占百分比反映出总体上的变化规律为好氧细菌＞大肠菌群＞酵母菌＞霉菌。这说明所测定的微生物数量与晾晒时间的相关性总体上的变化规律为好氧细菌＞大肠菌群＞酵母菌＞霉菌。变量占特征值比表示微生物数量对总特征值贡献百分比，贡献率大小依次为霉菌＞大肠菌群＞酵母菌＞好氧细菌。由此可以看到，好氧细菌和霉菌的数量在各相关贡献率占比排位情况存在变动，而酵母菌和大肠菌群的数量相对稳定。

表 6-16   表土不同晾晒时间微生物数量的特征向量

微生物指标	特征向量		变量占比统计		
	第一坐标	第二坐标	贡献率之和	和占百分比	变量占特征值比
霉菌	0.206 8	−0.019 1	0.999 1	0.134 6	0.659 5
酵母菌	−0.005 1	0.068 7	0.999 4	0.236 1	0.127 4
大肠菌群	−0.061 8	−0.025 1	0.929 5	0.296 3	0.161 2
好氧细菌	−0.025 0	−0.018 6	0.705 8	0.332 9	0.051 9

（5）各微生物指标的欧式距离   欧氏距离的大小代表微生物指标的相关程度，如霉菌和酵母菌之间的欧式距离 = { $[0.206\ 8 - (-0.005\ 1)]^2 +$

$(-0.019\ 1-0.068\ 7)^2\}^{1/2}=0.229\ 4$，其他微生物指标间的欧氏距离见表 6-17。由表中数据可知，大肠菌群和好氧细菌之间的相关关系最近，其次为好氧细菌和酵母菌，大肠菌群和霉菌之间的关系最远。

表 6-17　表土微生物之间的欧氏距离

微生物指标	酵母菌	大肠菌群	好氧细菌
霉菌	0.229 4	0.268 7	0.231 8
酵母菌		0.109 6	0.089 5
大肠菌群			0.037 4

（6）各微生物指标的贡献率及信息量分析　每个公因子上每个变量的贡献率显示，霉菌和大肠菌群在第一公因子上的贡献率较大，酵母菌和好氧细菌在第二公因子上的贡献率较大。变量在双公因子上的贡献率数据显示，第一坐标轴可以反映霉菌、大肠菌群和好氧细菌数量信息。表 6-18 信息量和总信息量数据显示，酵母菌和好氧细菌数量坐标对特征值贡献较多，而霉菌和大肠菌群数量坐标对特征值的贡献较少。

表 6-18　表土微生物数量指标的贡献率及信息量分析

微生物指标	公因子上变量的贡献率		变量在公因子上贡献率		信息量		总信息量
	第一坐标	第二坐标	第一坐标	第二坐标	第一坐标	第二坐标	
霉菌	0.810 4	0.033 6	0.990 6	0.008 5	1	0	1
酵母菌	0.000 9	0.760 1	0.005 5	0.993 9	0	2	2
大肠菌群	0.159 5	0.127 7	0.797 6	0.131 9	0	1	1
好氧细菌	0.029 2	0.078 6	0.453 5	0.252 3	0	0	2

（7）各晾晒时间与微生物数量的对应分析　将不同晾晒时间与微生物数量指标的对应分析结果绘制成图，如图 6-7 所示。晾晒时间在横坐标（第一坐标）两侧，其中霉菌和晾晒第 2、3、4 天距离横坐标较近。晾晒第 1 天和第 5 天与霉菌距离最远，表明晾晒第 2～4 天霉菌数量最多，而晾晒第 1 天和第 5 天霉菌数量最少。晾晒第 3 天与酵母菌距离最远，说明晾晒第 3 天燕麦附着酵母菌数量最少。晾晒第 4 天和第 3 天与好氧细菌距离较远，表明晾晒第 3 至 4 天好氧细菌数量最少。晾晒第 5 天与大肠菌群距离较近，表明晾晒第 5 天表土附着的大肠菌群数量最多。

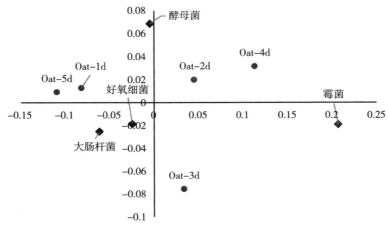

图 6-7　表土晾晒时间与微生物数量对应分析

第二节　干燥过程中燕麦干草及土壤真菌群落结构研究

一、试验材料与方法

试验材料与设计同第一节内容。

（一）真菌的菌群结构和多样性分析

利用试剂盒提取样品表面附着微生物的总 DNA，并对 ITS 区（真菌）进行特异性扩增，采用 PacBio RS II 平台进行测序，分析真菌的菌群结构和多样性[139]。

1. 总 DNA 提取

根据 E. Z. N. A. ®soil 试剂盒（Omega Bio-tek，Norcross，GA，U. S.）说明书进行总 DNA 抽提，DNA 浓度和纯度利用 NanoDroP2000 进行检测，利用 1% 琼脂糖凝胶电泳检测 DNA 提取质量；用 ITS1FI2（5′-GTGARTCATCGAATCTTTG -3′）和 ITS2（5′-TCCTCCGCTTATTGATATGC -3′）引物对真菌（ITS2）可变区进行 PCR 扩增（PCR 仪：ABIGeneAmP® 9700 型），扩增程序为：95℃预变性 3min，32 个循环（98℃变性 30s，54℃退火 30s，72℃延伸 45s），最后 72℃延伸 10min。PCR 反应体系为 12.5μL Phusion Hot start flex 2×Master Mix，2.5μL Forward Primer，2.5μL Reverse Primer，50 ng Template DNA，双蒸水补至 25μL。

2. PCR 扩增

PCR 扩增产物通过 2% 琼脂糖凝胶电泳进行检测，并对目标片段进行回收，回收采用 AMPureXT beads 回收试剂盒。纯化后的 PCR 产物使用

Agilent2100 生物分析仪（Agilent，美国）和 Illumina（KapaBiosciences，Woburn，MA，美国）的文库定量试剂盒进行评估，合格的文库浓度应在 2nmol/L 以上。将合格的上机测序文库（Index 序列不可重复）梯度稀释后，根据所需测序量按相应比例混合，并经 NaOH 变性为单链进行上机测序；使用 NovaSeq 6000 测序仪进行 2×250bp 的双端测序，相应试剂为 NovaSeq 6000 SP Reagent Kit（500cycles）。

（二）真菌群落结构数据分析

根据双端序列的重叠区，采用 Pear 将 R1、R2 序列拼接成长的 Tag 序列，并使用 Cutadapter 去除 Barcode 以及引物序列。然后 Fqtrim 过滤低质量序列，采用 Vsearch（v2.3.4）过滤嵌合体。使用 DADA2 进行降噪后，得到特征表和特征序列。Alpha 多样性和 Beta 多样性通过抽平（将所有样本的序列数抽取至最少序列样本的序列数）的方式来进行归一化，物种注释使用相对丰度来进行归一化处理（某菌群数/总菌数）。

Alpha 多样性以及 Beta 多样性均由 QIIME2 流程分析，图片由 R（v3.5.2）包绘制。物种注释采用 QIIME2 的插件 Feature-classifier 进行序列比对，比对数据库为 SILVA 和 Unite 数据库，以 SILVA 数据库注释结果为准。利用 R 的统计工具绘制韦恩图。利用 Unite 数据库和 Silva 数据库（70% 置信阈值）对群落结构（门和属）进行分类。

采用 R version 3.6.1 的 Spearman 相关分析（正相关阈值 $R \geqslant 0.5$，负相关阈值 $R \leqslant 0.5$，$P < 0.05$。）对燕麦和表土表面附着真菌属水平丰度前 30 的真菌属进行相关分析后，用 OmicStudio 工具绘制相关网络图；用 OmicStudio 工具绘制非度量多维尺度分析图（NMDS）和 LEf Se 差异图。

二、试验结果与分析

（一）真菌群落的丰富度及多样性

72 个样品（包括 30 个燕麦、30 个表土、6 个根及 6 个根土样品）的真菌 ITS 基因 Illumina MiSeq 高通量测序经质控过滤后共获得 5 899 082 条有效序列（Valid tags），将每个样品序列数标准化为最小序列数后进行多样性分析。如图 6-8 所示为真菌测序稀释性曲线，随着测序量的增加，稀释性曲线已趋于平坦，因此可以说明样品中绝大多数真菌 ITS 基因序列已被检出，测序结果可充分代表燕麦晾晒期间植株、根、表土和根际土壤中真菌群落结构的真实情况，测序数据可用于进一步的生物信息学分析。

1. 燕麦干草真菌丰富度及多样性

通过高通量检测技术对不同晾晒时间燕麦附着真菌进行检测。Shannon 指数表示微生物群落的异质性。Shannon 指数越大，表示不确定性大。不确定性

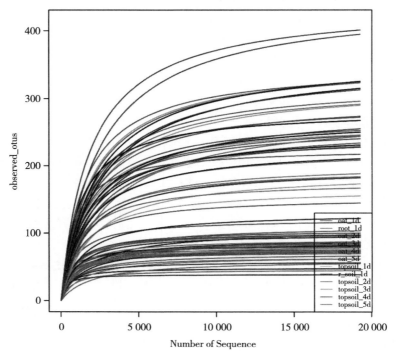

图 6-8　真菌稀释性曲线

越大，表示这个群落中未知的因素越多，也就是多样性高；Simpson 数值范围在 0～1，当群落只有一种物种的时候，此时 Simpson 值最小为 0，同时也是直观理解的多样性最小。当物种种类无限多（丰富度最高），并且每个物种数目都一致（均匀度最高）的时候，Simpson 值为最大为 1。Simpson 和 Shannon 主要综合体现物种的丰富度（Richness）和均匀度（Eveness）。Chao1 指数用于评估微生物物种的总数和丰富度，Coverage 表示所有样品的覆盖率。

　　由表 6-19 燕麦附着真菌群落的丰富度和多样性指数可以看出，晾晒第 1 天时，Chao1 指数为 72.28，晾晒至第 3 天时，Chao1 指数逐渐上升并达到最大值 87.75，晾晒至第 4 天时，Chao1 指数下降至 69.94，晾晒至第 5 天时，Chao1 指数显著回升至 82.03。晾晒第 4 天时，OTU、Simpson 和 Shannon 指数明显低于其他时间，说明该时间燕麦表面附着真菌多样性降低。但从显著水平（P 值）来看，晾晒时间对燕麦附着真菌群落的丰富度和多样性指数的影响未达到显著水平。Coverage 指数均为 1，表明测序宽度较全面，检测的数据足以代表各处理的附着真菌群落特征。

表 6-19　晾晒 5d 燕麦干草附着真菌群落的丰富度和多样性指数

表 6-19　晾晒 5d 燕麦干草附着真菌群落的丰富度和多样性指数

样本	OTUs	Shannon	Simpson	Chao1	Coverage
Oat-1d	70	3.39	0.82	72.28	1.00
Oat-2d	78	3.72	0.84	79.12	1.00
Oat-3d	84	3.52	0.81	87.75	1.00
Oat-4d	67	2.73	0.65	69.94	1.00
Oat-5d	79	3.66	0.82	82.03	1.00
SEM	7	0.33	0.06	7.94	—
P 值	0.472 9	0.260 1	0.236 9	0.518 0	

2. 土壤真菌丰富度及多样性

由表 6-20 燕麦晾晒期间表土附着真菌群落的丰富度和多样性指数可以看出，晾晒时间对表土真菌群落和多样性指数无显著影响（$P > 0.05$）。Coverage 指数均为 1，表明测序宽度较全面，检测的数据足以代表表土的附着真菌群落特征。

表 6-20　晾晒 5d 表土附着真菌群落的丰富度和多样性指数

样本	OTUs	Shannon	Simpson	Chao1	Coverage
Soil-1d	240[ab]	4.04	0.79	252.34	1.00
Soil-2d	273[ab]	4.73	0.88	288.91	1.00
Soil-3d	215[b]	4.06	0.82	231.84	1.00
Soil-4d	268[ab]	4.50	0.86	280.13	1.00
Soil-5d	299[a]	4.78	0.84	324.71	1.00
SEM	24.95	0.30	0.04	28.93	—
P 值	0.182 3	0.257 0	0.503 0	0.228 5	—

注：同列不同小写字母表示差异显著（$P < 0.05$）。表 6-21 同此。

由图 6-9 不同晾晒时间燕麦干草表面附着真菌菌群可知，晾晒 5d 的燕麦共有核心真菌菌群数为 66 个，晾晒 1、2、3、4、5d 燕麦干草特有的真菌菌群为 58、69、109、66、77 个。晾晒 5d 的表土共有核心真菌菌群数为 264 个，晾晒 1、2、3、4、5d 表土特有的真菌菌群为 181、198、127、188、326 个。

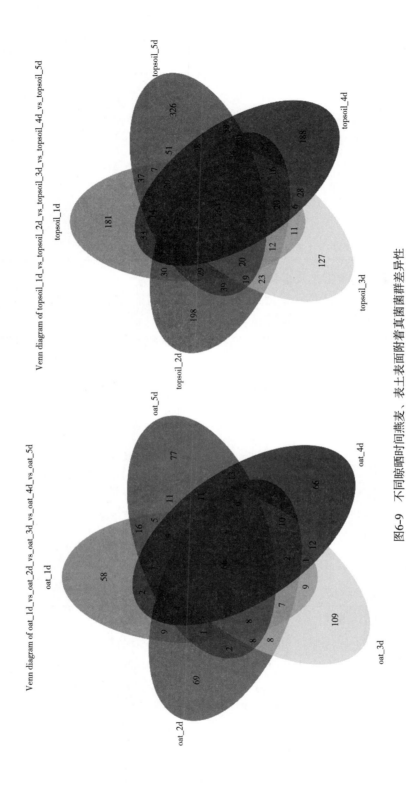

图6-9 不同晾晒时间燕麦、表土表面附着真菌菌群差异性

由图 6-10 晾晒 5 天燕麦、表土表面附着真菌菌群差异性可知，晾晒 5 天的燕麦和表土共有核心真菌菌群数为 40 个，晾晒 1、2、3、4、5d 燕麦真菌菌群为 195、220、280、218、245，表土真菌菌群为 728、803、686、808、1 012个。

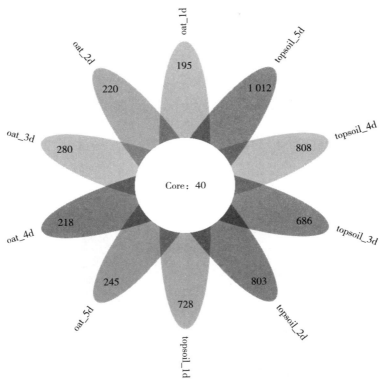

图 6-10　晾晒 5d 期间燕麦、表土附着真菌菌群差异性

3. 晾晒第 1 天燕麦、根、表土及根土真菌丰富度及多样性分析

由表 6-21 晾晒第 1 天的燕麦、表土、根和根土附着真菌群落的丰富度和多样性指数可以看出，晾晒时间对燕麦、表土、根和根土的 OTU 影响差异极显著。表土和根土里的 OTU 总数显著高于燕麦和根的 OTU 数量，表明土壤的真菌总数显著高于燕麦植株或根表面附着的真菌总数。由晾晒第 1 天燕麦、根、表土和根土表面附着真菌群落 OTU 数量分布情况（图 6-11）可知，晾晒第 1 天的燕麦、根、根土和表土共有核心真菌菌群数为 61 个，晾晒 1 天的燕麦、根、根土和表土特有的真菌菌群为 75、86、332、316 个。表土和根土 Chao1 指数显著高于燕麦地上部分和地下部分（根），表明表土和根土附着真菌总数和丰富度显著高于燕麦植株。根和根土的 Shannon 和 Simpson 指数明

显高于燕麦，进一步说明被埋在地下的根或根土的真菌群落多样性高于地上植株部分。Coverage 指数均为 1，表明测序宽度较全面，检测的数据足以代表各处理的附着真菌群落特征。

表 6-21　晾晒第 1 天燕麦、表土、根及根土附着真菌群落的丰富度和多样性指数

样本	OTUs	Shannon	Simpson	Chao1	Coverage
Oat-1d	70[b]	3.39[b]	0.82	72.28[b]	1.00
Soil-1d	239[a]	4.04[ab]	0.79	252.34[a]	1.00
root-1d	94[b]	4.22[a]	0.90	94.86[b]	1.00
Root soil-1d	236[a]	4.59[a]	0.86	246.51[a]	1.00
SEM	16.74	0.21	0.03	18.40	—
P 值	<0.000 1	0.050 6	0.212 1	<0.000 1	—

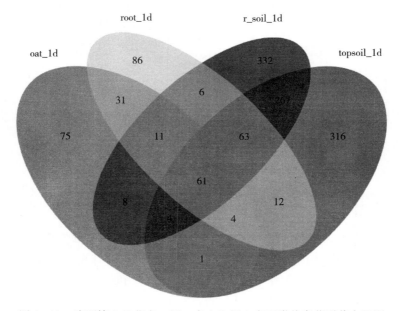

图 6-11　晾晒第 1 天燕麦、根、表土和根土表面附着真菌群落韦恩图

（二）真菌群落组成演替及相关性

1. 真菌门水平群落组成

样品中真菌门水平上的群落组成如图 6-12 所示，主要的真菌门包括子囊菌门（Ascomycota，72.24%）、担子菌门（Basidiomycota，21.10%）、未分类的真菌（unclassified Fungi，3.82%）、壶菌门（Chytridiomycota，2.01%）

和接合菌门（Zygomycota，0.71%）。由图可知，在本研究中除去未分类的真菌，在已鉴定分类地位的真菌中子囊菌门和担子菌门是相对丰度最高的真菌门。

    晾晒第 1 天，燕麦 Ascomycota 的相对丰度为 26.17%，而燕麦根和根土中 Ascomycota 的相对丰度为 72.81%～81.32%。随着晾晒时间的延长，晾晒至第 4 天时，燕麦 Ascomycota 的相对丰度升高至 76.21%，晾晒至第 5 天Ascomycota 的相对丰度小幅降低。随着晾晒时间的延长，表土 Ascomycota 的相对丰度一直保持在较高水平（80.22%～90.08%）。在晾晒第 1 天，燕麦 Basidiomycota 的相对丰度为 73.74%，而燕麦根 Basidiomycota 的相对丰度为 24.89%，显著高于根土。随着晾晒时间的延长，晾晒至第 4 天时，燕麦 Basidiomycota 的相对丰度降低至 23.58%，晾晒至第 5 天 Basidiomycota 的相对丰度小幅升高。晾晒至第 4 天和第 5 天时，表土 Basidiomycota 的相对丰度分别为 4.41% 和 4.88%，明显高于晾晒第 1～3 天。表土中未分类的真菌（unclassified Fungi，2.96%～12.25%）明显多于燕麦（0.02%～0.27%）。根土中的 Chytridiomycota 的相对丰度（10.96%）显著高于其他样品。燕麦地上部分中未检测到 Zygomycota。根、根土和表土中都检测到了 Zygomycota 的存在。

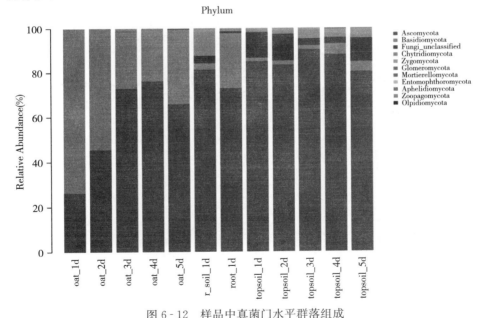

图 6-12 样品中真菌门水平群落组成

2. 真菌属水平群落组成

晾晒过程中丰度前 30 真菌属相对丰度变化如图 6-13 所示，其中燕麦总

优势属主要包括 *Bulleromyces*（19.22%）、帚枝霉属（*Sarocladium*，16.12%）、微座孢属（*Microdochium*，15.14%）、*Cryptococcus*（11.07%）、*Gibellulopsis*（7.07%）、链格孢属（*Alternaria*，6.38%）、*Plectosphaerella*（6.04%）、*Basidiomycota* _ unclassified（5.35%）、*Pseudozyma*（4.34%）等。其中 *Bulleromyces*、*Cryptococcus* 和 *Pseudozyma* 的相对丰度随着晾晒时间的延长呈降低的趋势，而其他菌属的相对丰度随晾晒时间的延长基本呈增加的趋势。晾晒过程中表土的总优势菌属主要包括链格孢属（*Alternaria*，33.72%）、帚枝霉属（*Sarocladium*，4.44%）、*Plectosphaerella*（6.50%）、*Gibellulopsis*（4.61%）、*Cochliobolus*（6.50%）、*Hypocreales* _ unclassified（5.13%）、*Myrothecium*（4.33%）、Fungi _ unclassified（8.18%）等。其中，*Sarocladium*、*Cochliobolus* 和 *Hypocreales* _ unclassified 的丰度值随着晾晒时间的延长呈增加趋势，而其他菌属随晾晒时间延长呈下降趋势。

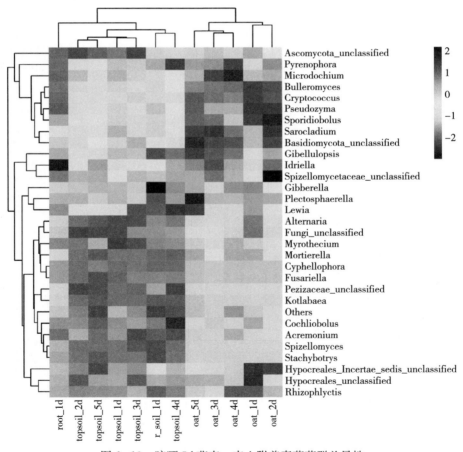

图 6-13 晾晒 5d 燕麦、表土附着真菌菌群差异性

3. 燕麦真菌群落属水平相关分析

燕麦干草晾晒期间（1～5d）表面附着真菌属水平丰度前 30 的真菌 Spearman 相关分析（正相关阈值 $R \geqslant 0.5$，负相关阈值 $R \leqslant 0.5$，$P < 0.05$）。结果如图 6 - 14 所示。*Bulleromyces*、*Cryptococcus* 和 *Sporidiobolus* 三者之间显著正相关，*Plectospaerella* 与 *Sporidiobolus* 显著负相关。

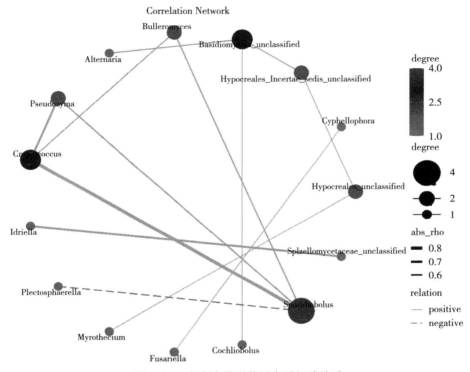

图 6 - 14　燕麦真菌群落属水平相关关系

4. 表土真菌群落属水平相关关系

表土优势菌 *Alternaria*（33.72%）与 *Cochliobolus*（6.50%）显著负相关，*Gibellulopsis*（4.61%）与 *Hypocreales* _ unclassified（5.13%）显著负相关。*Plectosphaerella*（6.50%）与 *Pyrenophora* 显著正相关。其他 TOP7 里的优势菌之间相关性不显著（图 6 - 15）。

5. 燕麦与表土优势菌相关关系

燕麦附着微生物 *Microdochium*（15.14%）与 *Cryptococcus*（11.07%）显著负相关（$R = 0.39$，$P < 0.05$）。表土中 *Plectosphaerella*（6.50%）与 *Gibellulopsis*（4.61%）显著正相关（$R = 0.62$，$P < 0.001$），表土 *Cochliobolus* 与 *Alternaria*（$R = 0.41$，$P < 0.05$）负相关，但与 *Sarocladium*

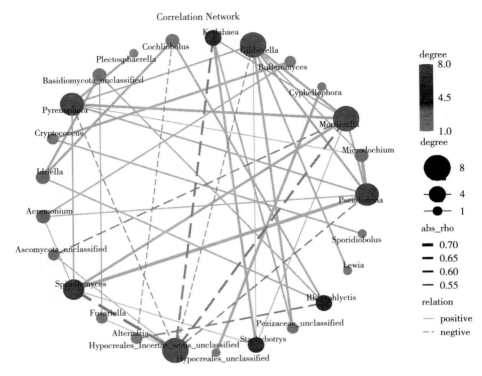

图 6-15　表土真菌群落属水平相关关系

（$R=0.41$，$P<0.05$）正相关。表土 *Alternaria* 与燕麦 *Bulleromyces*（$R=$ 0.37，$P<0.05$）、*Cryptococcus*（$R=0.43$，$P<0.05$）显著正相关。燕麦 *Microdochium*（15.14%）与表土 *Sarocladium*（$R=0.46$，$P<0.05$）、*Cochliobolus*（$R=0.37$，$P<0.05$）显著正相关（图 6-16）。

（三）真菌群落组间差异性分析

1. 非度量多维尺度分析（NMDS）

采用 Bray-Curtis 法计算样品之间的距离，以反映晾晒期间真菌群落组成的相异情况，结果如图 6-17 所示。不同颜色代表不同晾晒时间的燕麦干草（包括晾晒第 1 天的根）和表土（包括晾晒第 1 天的根土）。应力函数值为 0.049，小于 0.1，能够较好地揭示样品间真菌群落组成的差异。由图 6-17 可知，燕麦或表土不同晾晒时间的样品点之间的距离都较小，而不同晾晒时间燕麦与表土样品点间距离均较远。NMDS 的结果表明不同晾晒时间燕麦与表土真菌群落组成有显著差异，但晾晒时间对燕麦或表土真菌群落组成影响不明显。

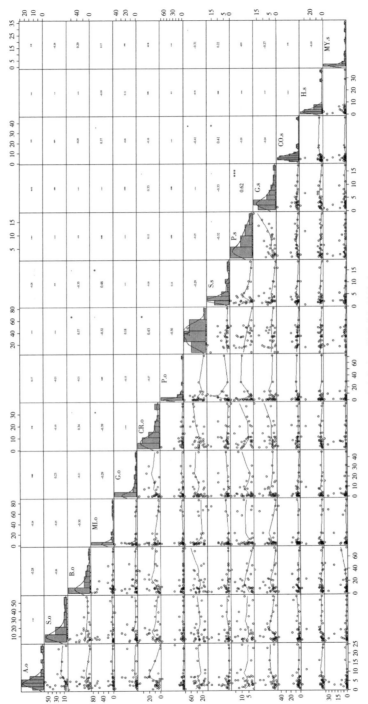

图6-16 燕麦与表土优势菌相关关系

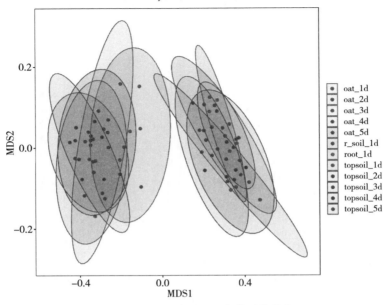

图 6 - 17　不同晾晒时间真菌群落分布

2. 置换多元方差分析

本研究中所有样品真菌群落在晾晒过程中的群落差异的 PerMANOVA 检验结果如表 6 - 22 所示，在所有分组（12 组）水平上真菌群落在晾晒各时期的组成差异显著。分组方差与总方差比值 R^2 为 0.457，表明分组对差异的解释度较高。

表 6 - 22　置换多元方差分析结果表

项目	自由度	总方差	分组方差与总方差比值 R_2	F 检验值	Pr（>F）
Group	11	12.96	0.47	4.88	0.001
Residual	60	14.48	0.53		
合计	71	27.44	1		

3. LEf Se（LDA Effect Size）分析

采用非参数因子 Kruskal-Wallis 秩和检验检测燕麦不同晾晒时间样品间在丰度上具有统计学差异的物种，线性判别分析阈值设为 3。结果如图 6 - 18 所示，在晾晒期间均检测到 Biomarker 的存在，燕麦晾晒第 1 天检测到 17 个 Biomarker，晾晒第 2 天检测到 7 个 Biomarker，晾晒第 3 天检测到 4 个 Biomarker，晾晒第 4 天检测到 2 个 Biomarker，晾晒第 5 天检测到 7 个

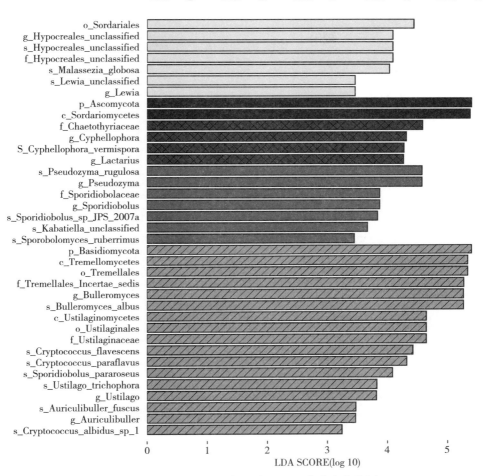

图 6-18　燕麦不同晾晒时间 LDA 值分布柱状图

Biomarker。图 6-19 为进化分支图，由内至外辐射的圆圈代表了由门至属的分类级别，在不同分类级别上的每一个小圆圈代表该水平下的一个分类，小圆圈直径大小与相对丰度大小成正比。节点的颜色与燕麦各晾晒时间的颜色相对应，表示节点代表的物种在相应的晾晒时间的微生物群体中起着重要作用，无显著差异的物种统一着色为黄色。晾晒第 1 天，Bulleromyces 属和Auriculibuller 属均隶属银耳目 Tremellales；Ustilago 属隶属于 Ustilaginales目。晾晒第 2 天有显著差异的物种 *Sporidiobolus* 隶属于 Sporidiobolaceae 科，Pseudozyma 隶属于 Ustilaginaceae 科。晾晒第 3 天有显著差异的物种 Lactarius隶属于 Basidiomycota 门，Cyphellophora 隶属于 Chaetothyriaceae 科。晾晒第

4天有显著差异的物种未得到详细分类，隶属于 Ascomycota 门。晾晒第 5 天有显著差异的物种 *Lewia* 属隶属于 Ascomycota 门，*Hypocreales_unclassified* 目和 Sordariales 目隶属于 Sordariomycetes 纲。总之，由图 6-19 可知，燕麦晾晒第 1 天和第 2 天检测到的有显著差异的真菌群落主要隶属于 Basidiomycota 门，晾晒第 4 天和第 5 天检测到的有显著差异的真菌群落主要隶属于 Ascomycota 门，而晾晒第 3 天的燕麦有显著差异的真菌隶属于 Basidiomycota 和 Ascomycota 门。

Cladogram

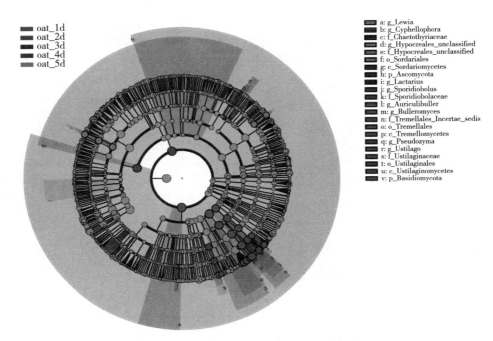

图 6-19　燕麦不同晾晒时间进化分支图

采用非参数因子 Kruskal-Wallis 秩和检验检测表土不同晾晒时间样品在丰度上具有统计学差异的物种，线性判别分析阈值设为 3。结果如图 6-20 所示，除了晾晒第 1 天，其他晾晒时间表土均检测到 Biomarker 的存在，在晾晒第 2 天检测到表土有 7 个 Biomarker，晾晒第 3 天检测到 1 个 Biomarker，晾晒第 4 天检测到 3 个 Biomarker，晾晒第 5 天检测到 7 个 Biomarker。图 6-21 为进化分支图，晾晒第 2 天，有显著差异的菌群包括 *Thermoascus* 属、Xylariales 目（包括 *Microdochium* 属）。晾晒第 4 天有显著差异的菌群包括 Bolbitiaceae 科和 *Spizellomycetaceae* 科。晾晒第 5 天有显著差异的物种有 *Idriella* 属（隶属于 Microdochiaceae 科）、*Conocybe*（隶属 Bolbitiaceae 科）和 *Spizellomycetaceae* 科。

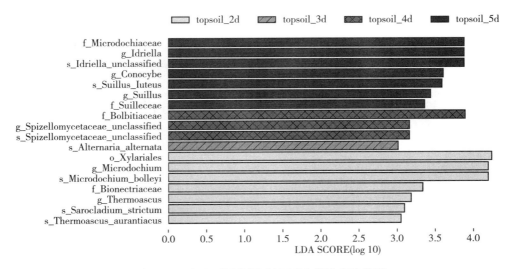

图 6 - 20　表土不同晾晒时间 LDA 值分布柱状图

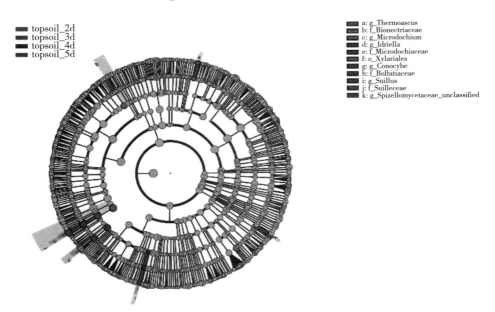

图 6 - 21　表土不同晾晒时间进化分支图

第三节 讨论与结论

一、讨论

燕麦干草是一种较好的粗饲料,由饲用燕麦在乳熟期刈割后经干制而成,是奶牛场冬季和早春饲草供应的重要来源。随着中国奶牛业的发展,干草需求量与日俱增(张阁等,2017)。植物微生物的来源包括植物、土壤、水、空气及运输、加工、贮存器具所携带的细菌和霉菌等。植物是环境中有机质的重要组成部分,也是微生物营养物质的主要来源。真菌主要包括子囊菌和担子菌等,这些微生物生活在植株表面或者植株体内。真菌与植物的共生能显著改善植物营养状况、促进生长发育和增加经济产量,并能提高植物抗逆性,在减少化肥农药使用、联合修复重金属污染土壤、防控外来入侵植物和提高食品与环境安全等方面具有重要意义(于小娟等,2017)。

通常来讲,牧草中的霉菌区系除受环境因素影响外,还受到牧草品质的影响,牧草营养成分的不同、水分含量的不同等都将影响干草调制过程中的微生物区系。霉菌的种类和数量能基本反映牧草的安全状况。我国《饲料卫生标准》(GB 13078—2017)中规定的霉菌限量标准为$<4×10^4$ cfu/g,细菌总数的限量标准为$<2×10^6$ cfu/g。

本研究中土壤霉菌也可能是另一个主要来源。由于燕麦中含有丰富的碳水化合物、蛋白质、脂肪及无机盐等营养物质,是微生物良好的天然培养基,在其干燥过程中,干燥温度不稳定,所需时间长,受气象条件影响大,易受泥沙、灰尘、昆虫和各种微生物污染。微生物经常寄附在其表面,分解其中有机物质,使燕麦出现变色、变味、发热、发霉等现象,甚至还可以产生毒素污染,严重影响家畜及人类的安全。因此,对干燥过程中燕麦的微生物数量及其群落组成进行检测具有重要意义。本研究检测结果表明刚刈割后燕麦的霉菌数量平均为$6×10^3$ cfu/g,但当晾晒第2~5天时,燕麦表面携带的霉菌数量为$1.1×10^5$~$6.25×10^5$ cfu/g,此时期霉菌数量显著高于国标规定的量。本研究结果表明刚刈割后燕麦的好氧细菌数量平均为$7.9×10^7$ cfu/g,但当晾晒第2~5天时,燕麦表面携带的好氧细菌数量为$1.27×10^8$~$8.4×10^8$ cfu/g。因此,从刈割至晾晒5d时,燕麦表面携带的好氧细菌总数显著高于国标规定的限量。因此,燕麦干草在晾晒过程中霉变和品质劣变的风险较高。

本研究利用 Illumina MiSeq 测序技术在 PacBio RS II 平台进行 ITS 区(真菌)测序分析,检测了燕麦在干燥过程中真菌群落结构的多样性以及晾晒地表面土壤的真菌群落结构的多样性。除去未分类的真菌,在已鉴定分类地位的真菌中子囊菌门和担子菌门是相对丰度最高的真菌门。燕麦优势菌属中

Bulleromyces、*Cryptococcus* 和 *Pseudozyma* 的相对丰度随着晾晒时间的延长呈降低的趋势；*Sarocladium*、*Microdochium*、*Gibellulopsis*、*Alternaria*、*Plectosphaerella*、*Basidiomycota* _ unclassified 的相对丰度随晾晒时间的延长基本呈升高的趋势。*Alternaria* 属于寄生和腐生真菌，其生态功能群为动物病原菌-内生-植物病原菌-木质腐生，营养方式为病理-腐生-共生营养型，会引起寄主植物的病害，使病变周围细胞壁木质化、木栓化，木质素、纤维素增多。本研究结果表明晾晒过程中 *Alternaria* 属丰度呈增加趋势，这解释了晾晒过程中 ADF、NDF 含量为何显著增加。*Plectosphaerella* 生态功能群为植物病原菌，营养方式为病理-腐生-共生营养型。*Cryptococcus* 属于酵母型单细胞，生态功能群为真菌寄生-腐生，营养方式为病理-腐生-共生营养型。*Gibellulopsis* 生态功能群为植物病原菌，营养方式为病理营养型。

土壤微生物是地球生物圈中一个重要的组成部分，土壤微生物是土壤中最活跃的部分之一，是土壤分解系统的主要成分，在推动土壤物质转换、能量流动和生物地化循环中起着重要作用。土壤微生物作为稳定的生态系统，是监测土壤质量变化的敏感指标，包括原核生物如细菌、蓝细菌、放线菌及超显微结构微生物，真核生物如真菌、藻类、地衣和原生动物等。陈秀蓉等（1996）对甘肃环县草地可培养细菌分离后发现，平均每克土壤有细菌总量为 $4.51 \times 10^9 \sim 1.74 \times 10^{10}$ cfu/g。由于研究方法和人们认知能力的局限，目前土壤中仍有 80%～99% 的微生物还未被认识和鉴别（白永飞等，1999）。研究推算，细菌、真菌及病毒的已知种占估计种的比例分别为 5%、10% 和 4%（安渊等，2001）。植物-土壤生态系统是一个复杂开放的系统。已有土壤和植物的相关研究表明，土壤理化特性及微生物组成和结构会影响植被的生长和发育，同时植物也会对土壤的发育、理化特性等产生影响。综上所述，大量已开展的植物和土壤微生物的关系都集中于植物生长过程中二者的互作；而尚未发现刈割后干草调制过程中，土壤微生物和植物微生物关系的相关研究。

二、结论

（1）随着晾晒时间的延长，燕麦附着霉菌、酵母菌、大肠菌群和好氧细菌数量总体呈增加趋势。其中，晾晒 2～5 天，霉菌和好氧细菌数量显著高于国标规定的安全限量标准，且所测细菌总数明显大于真菌总数。总微生物数量随晾晒时间的延长呈对数增加趋势，即当晾晒达到一定时间后，其对燕麦微生物数量影响作用增加的幅度下降。

表土总微生物数量随晾晒时间的延长呈对数增加趋势，即当晾晒达到一定时间后，其对表土微生物数量影响作用增加的幅度下降。晾晒期间表土所测细菌总数也明显高于真菌总数。燕麦地上部分和根之间的微生物数量最接近；根土和表土的微生物数量差异较大。

（2）燕麦霉菌数量与酵母菌、大肠菌群、好氧细菌数量成显著正相关关系；燕麦霉菌数量与表土好氧细菌成显著正相关关系。

（3）随着晾晒时间的延长（1～4d），燕麦表面附着真菌多样性逐渐减小，晾晒第 5 天时，燕麦多样性出现反弹。晾晒 1、2、3、4、5d 燕麦干草特有的真菌菌群为 58、69、109、66、77 个。晾晒 1、2、3、4、5d 表土特有的真菌菌群为 181、198、127、188、326 个。晾晒至 5d 的燕麦和表土共有核心真菌菌群数为 40 个。土壤的真菌总数显著高于燕麦植株或根表面附着的真菌总数。被埋在地下的根或根土的真菌群落多样性高于地上植株部分。

（4）本研究中除去未分类的真菌，在已鉴定分类地位的真菌中子囊菌门和担子菌门是相对丰度最高的真菌门。燕麦优势菌属中 *Bulleromyces*、*Cryptococcus* 和 *Pseudozyma* 的相对丰度随着晾晒时间的延长呈降低的趋势；*Sarocladium*、*Microdochium*、*Gibellulopsis*、*Alternaria*、*Plectosphaerella*、*Basidiomycota* _ unclassified 的相对丰度随晾晒时间的延长基本呈升高的趋势。*Bulleromyces*、*Cryptococcus* 和 *Sporidiobolus* 三者之间显著正相关，*Plectospaerella* 与 *Sporidiobolus* 显著负相关。表土中 *Sarocladium*、*Cochliobolus* 和 *Hypocreales* _ unclassified 的丰度值随着晾晒时间的延长呈增加趋势，而 *Alternaria*、*Plectosphaerella*、*Gibellulopsis*、*Myrothecium* 随晾晒时间延长呈下降趋势。表土优势菌 *Alternaria* 与 *Cochliobolus* 显著负相关，*Gibellulopsis* 与 *Hypocreales* _ unclassified 显著负相关。*Plectosphaerella* 与 *Pyrenophora* 显著正相关。

（5）不同晾晒时间燕麦与表土真菌群落组成有显著差异，但晾晒时间对燕麦或表土真菌群落组成影响不明显。燕麦晾晒第 1 天（*Bulleromyces*、*Auriculibuller*、*Ustilago*）和第 2 天（*Sporidiobolus*、*Pseudozyma*）检测到的有显著差异的真菌群落主要隶属于 Basidiomycota 门。晾晒第 4 天和第 5 天检测到的有显著差异的真菌群落（*Lewia* 属、*Hypocreales* _ unclassified、*Sordariomycetes*）主要隶属于 Ascomycota 门。而晾晒第 3 天的燕麦有显著差异的真菌（*Lactarius*、*Cyphellophora*）隶属于 Basidiomycota 和 Ascomycota 门。表土晾晒第 2 天，有显著差异的菌群包括 *Thermoascus* 属、Xylariales 目（包括 *Microdochium* 属）。晾晒第 4 天有显著差异的菌群包括 Bolbitiaceae 科和 *Spizellomycetaceae* 科。晾晒第 5 天有显著差异的物种有 *Idriella* 属（隶属 Microdochiaceae 科）、*Conocybe*（隶属 Bolbitiaceae 科）和 *Spizellomycetaceae* 科。

（6）表土 *Alternaria* 与燕麦 *Bulleromyces*（$R = 0.37$，$P < 0.05$）、*Cryptococcus*（$R = 0.43$，$P < 0.05$）显著正相关。燕麦 *Microdochium*（15.14%）与表土 *Sarocladium*（$R = 0.46$，$P < 0.05$）、*Cochliobolus*（$R = 0.37$，$P < 0.05$）显著正相关。

第七章　燕麦干草调制过程中霉菌毒素变化规律

第一节　试验方法与数据分析

一、霉菌毒素含量测定方法

本研究中燕麦干草的样品均采用超高液相色谱-串联质谱的方法进行检测，检测了以下 12 种霉菌毒素：玉米赤霉烯酮（ZEN），呕吐毒素（DON），3-乙酰基呕吐毒素（3-DON），15-乙酰基呕吐毒素（15-DON），伏马毒素 B1（FB1）、伏马毒素 B2（FB2）、伏马毒素 B3（FB3），赭曲霉毒素 A（OTA）、黄曲霉毒素 B1（AFB1）、黄曲霉毒素 B2（AFB2）、黄曲霉毒素 G1（AFG1）、黄曲霉毒素 G2（AFG2）。

（一）仪器与材料

霉菌毒素标准品 12 种：黄曲霉毒素 B1、黄曲霉毒素 B2、黄曲霉毒素 G1、黄曲霉毒素 G2，伏马毒素 B1、伏马毒素 B2、伏马毒素 B3，呕吐毒素，15-乙酰基呕吐毒素，3-乙酰基呕吐毒素，赭曲霉毒素 A，玉米赤霉烯酮。

实验试剂：醋酸铵、乙腈、乙酸乙酯、甲醇。

实验仪器：SERIESⅡ型研磨机，BSA2202S-CW 型分析天平，Pico 17 型微量离心机，Milli-Q 型超纯水仪，MycosSpin™ 400 型多功能净化柱，Agilent 1290-Sciex QTRAP 5500 型超高效液相色谱-串联质谱仪。

（二）标准曲线溶液配制

检测所需的正离子和负离子的标准曲线溶液需分别配制，具体配制方法为：使用 75 μL 的同位素内标混标加 75 μL 不同浓度的混标充分混合后进样，由于配制好的标准曲线溶液只能在 −20℃ 的低温环境中保存最多不超过 7d，所以此标准曲线溶液需在检测之前配制好。如果不能及时使用，超过保存期限后需进行重新配制。

（三）检测步骤

样品的前处理：使用 ROMER SERIESⅡ型研磨机进行研磨，并在研磨过程中注意样品充分混合均匀，研磨后需要 90% 的样品颗粒直径能达到通过 20 目筛网的要求，将研磨过筛后符合粒径要求的待检样品装入样品袋中保存备用，保存条件需常温避光。

上机检测样品溶液的制备：往 250mL 容量的三角瓶中加入从样品袋中称取出的待检测样品 25±0.1g 以及 50% 的乙腈水溶液 100mL，在摇床上以 250r/min 的转速震荡摇匀 1h 后从三角瓶内的溶液中过滤出多于 2mL 的滤液，最终需从此滤液中移取出 2mL 的滤液至试管中，往试管中加入乙酸 100μL，经过涡旋振荡使得试管内的滤液和乙酸充分混匀后，往 MycoSpin™ 400 多功能净化柱中加入从该试管中移取出的样品溶液 750μL，继续涡旋振荡 90s，等样品溶液变成浅蓝的颜色后，将待检样品溶液移取置于 2mL 的离心管里，使用 Pico 17 微量离心机在 10 000r/min 的转速下将样品溶液离心 1min，离心结束后，往已制备好的 75μL 正离子和负离子内标中分别加入从离心管中移取的样品溶液 75μL，经过 20s 涡旋振荡后再使用 Pico 17 微量离心机在 10 000r/min 的转速下离心 3min，离心后移取正离子和负离子混合溶液各 120μL 置于进样瓶中。

上机检测：将进样瓶放入 Agilent 1290-Sciex QTRAP 5500 超高效液相色谱-串联质谱仪中进行最终的样品分析检测，读取检测结果，并记录检测数据。

二、霉菌毒素含量数据分析

采用 Microsoft Office Excel 2016 软件进行燕麦霉菌毒素含量随晾晒时间的变化趋势分析。采用 SAS9.2 中 PCORR 过程进行因子分析。因子分析是寻找对霉菌毒素起支配作用的潜在因子的探索性统计分析方法。利用主要因子描述数据集的内部结构，实际上起着降维的作用。因子分析中旋转变换的目的是使因子载荷相对集中，便于对因子进行合理解释。按因子载荷阵各列元素的绝对值大小，可以判断因子主要对哪些变量有潜在支配作用。通过各指标相关系数和标准化变量，判断燕麦霉菌毒素指标与对应晾晒时间之间的相关关系。

第二节　试验结果与分析

一、燕麦干草晾晒过程中 ZEN 含量变化规律

由图 7-1 可知，燕麦刈割后晾晒第 2 天未检测到 ZEN 存在。但晾晒第 1 天、第 3 天、第 4 天和第 5 天检测到 ZEN 含量分别为 1.85、2.12、1.63 和 3.00μg/kg。由此可知，晾晒第 5 天的 ZEN 毒素含量最高。随着晾晒时间的延长，玉米赤霉烯酮平均含量呈增加趋势，拟合的趋势线方程为 $y = 0.274\ 2x^2 -$

$1.252\ 8x+2.462\ 6$，$R^2=0.541\ 8$。

第 2 天未检测到 ZEN 存在，可能是因为 ZEN 的生成表现为局部燕麦富集，由于取样的随机性，第 2 天未取发霉的样品。

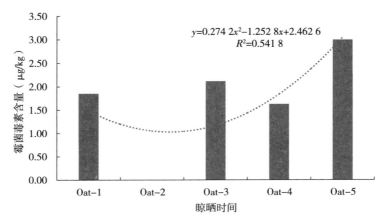

图 7-1　燕麦不同晾晒时间 ZEN 毒素变化规律

二、燕麦干草晾晒过程中 OTA 含量变化规律

不同晾晒时间燕麦 OTA 毒素含量变化规律如图 7-2 所示，晾晒第 1 天的燕麦 OTA 含量最高，为 $10.25\mu g/kg$，晾晒至第 3 天 OTA 含量明显降低至最低，为 $2.04\mu g/kg$。晾晒至第 4 天出现明显增加趋势，而晾晒至第 5 天 OTA 毒素含量升高。随晾晒时间的延长，OTA 平均含量总体呈下降趋势，拟合的趋势线方程为 $y=0.995\ 7x^2-7.256\ 1x+15.832$，$R^2=0.773\ 1$。

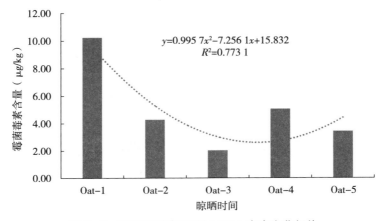

图 7-2　燕麦不同晾晒时间 OTA 毒素变化规律

三、燕麦干草晾晒过程中 FB 含量变化规律

不同晾晒时间燕麦 FB 毒素含量变化规律如图 7-3 所示，除晾晒第 3 天燕麦毒素含量为 217.18μg/kg，显著高于其他时间段外，晾晒第 1、2、4 和 5 天的 FB 含量为 1.50～12.21 μg/kg。由此可知，FB 含量的变化没有随晾晒时间的延长表现出明显的变化规律。可能由于伏马毒素的产生表现出明显的局部散发规律，取样量为 6 个，未达到一定数量，没有表现出明显的随时间变化的规律。

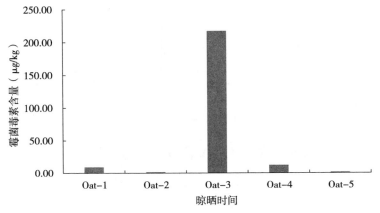

图 7-3　燕麦不同晾晒时间 FB 毒素变化规律

四、燕麦干草晾晒过程中 DON 含量变化规律

不同晾晒时间燕麦 DON 毒素含量变化规律如图 7-4 所示，随着晾晒时间的延长，3 种 DON 含量都呈波动变化趋势，3 种 DON 毒素基本于晾晒第 3 天或第 4 天降至最低，之后又有所升高。总 DON 含量随晾晒时间的延长呈降低-升高-降低的变化趋势，拟合的趋势线方程为 $y = 8.440\,8x^2 - 51.064x + 151.6$，$R^2 = 0.344\,4$。晾晒至第 4 天，总 DON 含量达最高值，为 121.01μg/kg。

五、燕麦干草晾晒过程中 AF 含量变化规律

不同晾晒时间燕麦 AF 毒素含量变化规律如图 7-5 所示，本研究共检测了 4 种（AFB1、AFB2、AFG1、AFG2）黄曲霉毒素，其中 AFB1 在所有样品中都未检测到。因此，图 7-5 只反映了 3 种黄曲霉毒素随晾晒时间的变化规律。由图 7-5 可知，3 种毒素随晾晒时间的延长变化规律不尽相同。除晾晒第 2 天未检测到 AFB2 外，随晾晒时间的延长 AFB2 含量呈先升高后降低的变

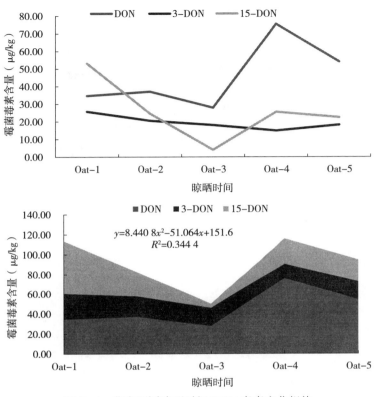

图 7-4 燕麦不同晾晒时间 DON 毒素变化规律

化趋势，于晾晒第 4 天 AFB2 最高为 $0.73\mu g/kg$。晾晒至第 5d，AFB2 降低至 $0.29\mu g/kg$。晾晒第 1 天，AFG1 含量较低为 $0.17\mu g/kg$，晾晒 $2\sim5d$，AFG1 含量稳定在 $1.01\sim1.41\mu g/kg$。AFG2 含量明显高于 AFB1 和 AFG1。晾晒第 1d 的 AFG2 含量较低为 $23.34\mu g/kg$，而晾晒 $2\sim5d$，AFG2 含量明显高于第 1d，为 $59.12\sim62.69\mu g/kg$。由图 7-5 可知，总 AF 含量随晾晒时间延长呈先升高后趋于稳定的趋势，拟合的趋势线方程为 $y=23.637\ln（x）+32.127$，$R^2=0.746\,5$。

六、霉菌毒素含量与晾晒时间的因子分析

（一）特征值及信息量分析

由表 7-1 可知，第一个特征值为 $3.821\,3$，其占总信息量的 76.43%，第二个特征值为 $0.991\,7$，占总信息量的 19.83%，前两个特征值之和达到 4.813，占总信息量的 96.26%。因此，完全可以采用双公因子来表示 5 个晾晒时间的霉菌毒素含量信息（一般要求信息量大于 85%）。

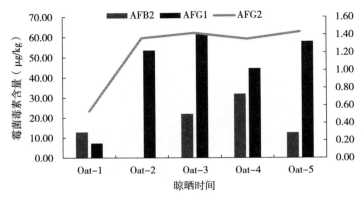

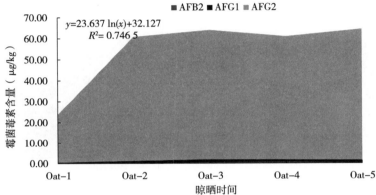

图 7-5 燕麦不同晾晒时间 AF 毒素变化规律

表 7-1 特征值及信息量

特征值编号	特征值	特征值之差	特征值信息量	累积信息量
1	3.821 3	2.829 5	0.764 3	0.764 3
2	0.991 7	0.805 7	0.198 3	0.962 6
3	0.186 1	0.185 1	0.037 2	0.999 8
4	0.001 0	0.001 0	0.000 2	1.000 0
5	0.000 0	—	0.000 0	1.000 0

（二）特征向量分析

由于分析过程采用默认的主成分分析，其特征向量主要反映的是主成分（表7-2）。因此，表7-2中特征向量1即为第一主成分，特征向量2即为第二主成分。第一主成分为 $Prin1 = 0.479\ 4Oat\text{-}1 + 0.500\ 7Oat\text{-}2 - 0.067\ 3Oat\text{-}3 + 0.509\ 5Oat\text{-}4 + 0.505\ 3Oat\text{-}5$，第二主成分为 $Prin2 = 0.045\ 7Oat\text{-}1 + 0.007\ 0Oat\text{-}2 + 0.995\ 3Oat\text{-}3 + 0.085\ 1Oat\text{-}4 - 0.003\ 6Oat\text{-}5$。根据特征值的大小可

知，第一主成分能够说明晾晒1、2、4、5天霉菌毒素的变化情况。第二主成分能够说明晾晒第3天的霉菌毒素的变化情况。采用第一和第二主成分可以说明晾晒时间下的霉菌毒素梯度信息。

表 7 - 2　对应特征值的特征向量

晾晒时间	特征向量 1	特征向量 2
Oat-1	0.479 4	0.045 7
Oat-2	0.500 7	0.007 0
Oat-3	−0.067 3	0.995 3
Oat-4	0.509 5	0.085 1
Oat-5	0.505 3	−0.003 6

（三）旋转前公因子分析

未经旋转的公因子模型见表 7 - 3。由表可知，燕麦晾晒第 1 天用双公因子可以表示为 $Oat-1 = 0.937\ 1F1 + 0.045\ 5F2$，$Oat-2 = 0.978\ 7F1 + 0.007\ 0F2$，$Oat-3 = -0.131\ 5F1 + 0.991\ 2F2$，$Oat-4 = 0.996\ 0F1 + 0.084\ 7F2$，$Oat-5 = 0.987\ 8F1 - 0.003\ 6F2$。双因子对 $Oat-1$ 变量的方差贡献为 0.880 3，因此，采用 F1 和 F2 公因子可以解释 $Oat-1$ 88.03% 的信息，同样双因子可以解释 $Oat-2$、$Oat-3$、$Oat-4$ 和 $Oat-5$ 的信息量分别为 95.79%，99.97%，99.92% 和 97.58%。由此可见，保留 F1 和 F2 因子能够很好地解释晾晒时间梯度霉菌毒素含量变化信息，但是难以解释不同晾晒时间的分类信息。

表 7 - 3　公因子模型

晾晒时间	公因子 1	公因子 2	解释信息
Oat-1	0.937 1	0.045 5	0.880 3
Oat-2	0.978 7	0.007 0	0.957 9
Oat-3	−0.131 5	0.991 2	0.999 7
Oat-4	0.996 0	0.084 7	0.999 2
Oat-5	0.987 8	−0.003 6	0.975 8

（四）旋转后的公因子分析

根据正交旋转矩阵（表 7 - 4）计算得到的正交旋转后的双因子模型（表7 - 5）。不同晾晒时间处理可以采用双因子进行表示。采用双因子可以解释 $Oat-1$ 88.03% 的信息。同样双因子可以解释 $Oat-2$、$Oat-3$、$Oat-4$、$Oat-5$ 的信息量分别为 95.79%、99.97%、99.92%、97.58%。由此可见，经过正交旋转后的 F1 和 F2 公因子能够很好地解释不同晾晒时间梯度燕麦的霉菌毒素含量信息，同时也能很好地反映不同晾晒时间分类信息。首先根据晾晒时间在公因子上的相对重要性可知，第一公因子主要承载 $Oat\text{-}1$、$Oat\text{-}2$、$Oat\text{-}4$ 和 $Oat\text{-}5$ 的信息，第二公因子主要承载 $Oat\text{-}3$ 的信息，因此，可以将晾晒时间分为两个阶段，即第一阶段的晾晒 $1\sim2d$，第二个阶段晾晒 $4\sim5d$。由于公因子分析基于燕麦霉菌毒素含量，因此，这个分类不仅反映了晾晒时间的阶段性，也间接反映了燕麦干草的霉菌毒素信息。

表 7 - 4　正交旋转矩阵

坐标	1	2
1	0.996 53	−0.083 28
2	0.083 28	0.996 53

表 7 - 5　正交旋转后的公因子模型

晾晒时间	公因子 1	公因子 2	解释信息
Oat-1	0.937 7	−0.032 7	0.880 3
Oat-2	0.975 9	−0.074 6	0.957 9
Oat-3	−0.048 5	0.998 7	0.999 7
Oat-4	0.999 6	0.001 5	0.999 2
Oat-5	0.984 1	−0.085 8	0.975 8

综合正交旋转前后因子模型可知，在没有正交旋转前，尽管因子模型能够很好地解释不同晾晒时间霉菌毒素的含量信息，但是难以区分晾晒时间梯度上的分类情况；当采用正交旋转后，晾晒时间的分类信息能够被合理解释。因此，正交旋转过程是必要的，通过正交旋转，能够使晾晒时间梯度变量信息结构简单化，进而使晾晒时间梯度变量在同一公因子上有较大的载荷，而在其余公因子上的载荷较小，便于对公因子进行解释和变量分类。

（五）旋转前后公因子的承载信息及总信息比较

综合旋转前后公因子的承载信息及总信息量，汇总结果见表 7 - 6。第一公因子旋转前承载信息占总信息的 $3.821\ 3/5=76.43\%$，旋转后承载信息占总信息的 $3.801\ 6/5=76.03\%$。第二公因子旋转前承载信息占总信息的 $0.991\ 7/5=19.83\%$，旋转后承载信息占总信息的 $1.011\ 3/5=20.23\%$，承载的信息增加。总信息变化不大，旋转前后都为 99.97%。由此可见，正交旋转后，第二公因子的作用增强，第一公因子的作用减弱，这一变化结果使得公因子对变量的解释和分类作用变得更加明显，但总信息量不会受到较大的影响。

表 7 - 6　正交旋转矩阵

状态	公因子 1	公因子 2	总信息
旋转前	3.821 3	0.991 7	0.999 7
旋转后	3.801 6	1.011 3	0.999 7

（六）晾晒时间对燕麦干草营养成分的影响程度

变量在各公因子上的标准化得分系数之和反映了变量对处理的影响程度。根据表 7 - 7 的分析结果，变量在公因子上的总得分依晾晒时间的延长先增加后降低，这表明随着晾晒时间的延长，其对燕麦干草霉菌毒素的影响先增大后降低。根据总得分也可以看到，晾晒时间延长，总得分呈先增加后降低的变化趋势，即当晾晒时间继续延长后，其对燕麦干草霉菌毒素作用增加的幅度先增加后降低。

表 7 - 7　标准化因子得分系数

晾晒时间	公因子 1	公因子 2	总得分
Oat-1	0.118 354 57	0.037 970 59	0.080 4
Oat-2	0.277 312 64	−0.016 432 4	0.293 7
Oat-3	0.023 667 43	1.001 299 37	0.977 6
Oat-4	0.619 787 58	0.028 988 04	0.590 8
Oat-5	0	0	0

第三节　讨论与结论

一、讨论

霉菌毒素是霉菌在生长过程中产生的有毒代谢产物，而霉菌在谷物和饲料中普遍存在，所以饲料原料和饲料中的霉菌毒素污染主要是霉菌产生的有毒代谢产物。田间霉菌毒素是饲料原料及饲料中常见的霉菌毒素。黄曲霉毒素、呕吐毒素、伏马毒素、赭曲霉素、玉米赤霉烯酮是对人和动物危害较大、污染较普遍的霉菌毒素。霉菌毒素在饲料原料及饲料中不仅是抗营养因子，还会严重危害畜禽健康。这些毒素会不断在畜禽体内积累而导致靶脏器生理功能失常，造成机体免疫力低下，最终引发其他病原体入侵导致发病率升高带来经济损失。随着现代畜牧业的不断发展和进步，人们对霉菌毒素的研究也逐渐深入，揭示出谷物等饲料原料以及畜禽饲料受霉菌毒素污染情况正日益加重，从而影响动物生产性能的发挥和食品安全，间接危害人类健康。

霉菌毒素从谷物在田间生长开始到加工成为饲料成品，最终饲喂给动物的整个过程中皆可持续产生。霉菌产毒量的多少取决于其自然的生存条件，在适宜的条件下霉菌可以大量产生有毒代谢产物，其中温度、湿度为影响代谢产物产生的主要决定因素，次要因素有光照、气压、酸碱度值、碳氮源、矿物质和寄生基质等（敖志刚和陈代文，2008）。王守经等（2010）研究报道指出，黄曲霉毒素含量与环境温度和水活度之间存在一定的联系。当水活度低于0.80或者外界生长环境温度低于10℃时，黄曲霉菌生长缓慢，黄曲霉毒素含量很低；当水活度高于0.08、外界生长环境温度超过30℃时，黄曲霉菌会快速生长，产生大量黄曲霉毒素。有研究表明，苜蓿在刈割、翻晒、运输和贮藏等环节中都可能受到黄曲霉毒素的污染（刘鹰昊，2018）。本研究结果表明，燕麦在刈割、晾晒过程中也受到黄曲霉毒素的污染，且随燕麦晾晒时间延长，总黄曲霉毒素的含量呈对数增加趋势，即当晾晒达到一定时间后，其对燕麦黄曲霉毒素含量的影响作用增加的幅度下降。这主要是由于随着晾晒时间的延长，燕麦草的含水量逐渐降低，黄曲霉菌的生长受到抑制，无法继续积累大量黄曲霉毒素。当原料收获期恰值雨季、降水量多、空气相对湿度高时，苜蓿田间收获和贮藏阶段内就会产生大量的玉米赤霉烯酮（Ayed-Boussema et al，2008a）。研究表明，温度冷暖交替或者温度长时间接近冰点时，极有利于玉米和饲料原料中的玉米赤霉烯酮毒素的增加（韩建鑫，2016）。本研究结果表明，随着晾晒时间的延长，燕麦干草中玉米赤霉烯酮平均含量呈增加趋势。这主要是由于中温度（27℃）有利于玉米赤霉烯酮的产生（Ogunade et al，2018），而燕麦刈割时温度适宜产玉米赤霉烯酮毒素的镰刀菌生长繁殖。

DON是饲料原料中检出率高、超标率严重的一种霉菌毒素，是我国乃至全世界的饲料原料普遍存在的天然污染物之一。有研究表明，苜蓿中DON的含量主要受产地的气候控制，在温度20~25℃下极易产生，但苜蓿干草的含水量控制在13%以内，可防止产DON的霉菌繁殖（陈文雪，2018）。苜蓿干草捆中的呕吐毒素与产毒霉菌、外界温度、湿度、通风条件都有密切关系（张鹏等，2003）。杨信等（2017）研究表明，抽穗后的小麦在较高的温度和湿度下会产生呕吐毒素，当环境温度为22~28℃、相对湿度为65%时，会产生大量毒素。而在温度为37℃以上时，则很少产生呕吐毒素。本试验研究表明，随着晾晒时间的延长，燕麦中总呕吐毒素含量呈降低-升高-降低的变化趋势，晾晒至第4天，总呕吐毒素含量达最高值，为121.01μg/kg。这也主要是由于燕麦植株中水活度和外界温度等条件影响所致。

Abrar等（2013）通过对玉米进行研究得出，当贮藏温度为15~20℃、水活度为0.98时，玉米中的赭曲霉毒素含量最大。贺亮等（2017）通过花生贮藏试验发现，当花生干燥的水分活度值保持在0.91左右时，能够减少赭曲霉毒素的产量。除此之外，因饲料原料中所含营养成分的不同，也会对赭曲霉毒素的产生条件有一定的影响（Ayed-Boussema et al, 2008b）。本试验研究表明，随着晾晒时间的延长，OTA 平均含量总体呈下降趋势，这主要是由于随着晾晒时间的延长，燕麦干草的水活度逐渐降低，导致产赭曲霉毒素的霉菌无法生长。

刘波（2020）通过对市场饲料原料和饲料的普查数据发现，2018 年伏马毒素为高污染毒素，但相比 2017 年湖北、江苏、安徽地区出现了下降，其阳性均值达到 5 638$\mu g/kg$；河南地区出现升高趋势，其阳性均值达到 4 960$\mu g/kg$；河北、山东地区出现大幅升高趋势，其阳性均值达到 3 945$\mu g/kg$，通过检测发现伏马毒素污染范围呈现扩大趋势。本试验研究表明，伏马毒素含量的变化没有随晾晒时间的延长表现出明显的变化规律。可能由于伏马毒素表现出明显的局部散发的变化规律，取样量 6 个未达到一定数量，没有表现出明显的随时间变化的规律。

有研究者采集了 2017—2019 年间湖北、江苏、安徽、北京、天津、河北、河南、山东、辽宁、吉林和黑龙江等区域的饲料及饲料原料样品共计 808 份，检测原料和饲料霉菌毒素的污染情况。结果发现，我国原料和饲料主要处于单端孢霉烯族 B 族毒素、伏马毒素和黄曲霉毒素污染的威胁之中，DDGS 和玉米蛋白粉为主要污染对象。饲料和原料均存在多种毒素的多重污染，其中含 4 种及 4 种以上毒素污染的占比达到 42.11%，且主要为黄曲霉毒素、伏马毒素和单端孢霉烯族毒素 B 族的多重污染。我国《饲料卫生标准》（GB 13078—2017）中规定的植物性饲料原料的玉米赤霉烯酮限量标准为≤1mg/kg，脱氧雪腐镰刀菌烯醇限量标准为≤5mg/kg，伏马毒素的限量标准为≤60mg/kg，赭曲霉 A 限量标准为≤100$\mu g/kg$，黄曲霉毒素 B1 的限量标准为≤30$\mu g/kg$。本研究结果表明，燕麦干草晾晒过程中玉米赤霉烯酮平均含量为 1.72$\mu g/kg$，脱氧雪腐镰刀菌烯醇平均含量为 91.25$\mu g/kg$，伏马毒素平均含量为 48.40 $\mu g/kg$，赭曲霉 A 平均含量为 5.02$\mu g/kg$，黄曲霉毒素（以 AFB2＋AFG1＋AFG2 计）的平均含量为 54.76$\mu g/kg$，所有样品未检测到黄曲霉毒素 B1。本试验研究结果进一步反映饲草在干草调制的过程中也处于多种霉菌毒素的威胁中。

二、结论

（1）随着晾晒时间的延长，ZEN 平均含量呈增加趋势，OTA 平均含量总体呈下降趋势，FB 含量的变化没有表现出明显的变化规律，总 DON 含量呈降低-升高-降低的变化趋势，晾晒至第 4 天，总 DON 含量达最高值，为 121.01$\mu g/kg$；总 AF 含量随晾晒时间延长呈对数增加趋势，即当晾晒达到一定时间后，其对燕麦 AF 含量的影响作用增加的幅度下降。

（2）燕麦干草霉菌毒素与晾晒时间的因子分析结果可知，可以将晾晒时间分为两个阶段，即第一阶段的晾晒 1～2d，第二个阶段晾晒 4～5d。随着晾晒时间的延长，其对燕麦干草霉菌毒素作用增加的幅度在下降。晾晒 1～2d 可能是最佳的时间段。

第八章 燕麦干草调制过程中营养品质变化规律

第一节 燕麦干草调制过程中营养品质变化规律

一、试验方法

采用 SAS 的一般线性模型（GLM）对不同晾晒时间的燕麦干草品质进行单因素方差分析均值，采用多项式比重法，对效应的线性、二次和三次效应进行了检验。显著性水平 $P < 0.05$。采用 SAS9.2 中 PCORR 过程对不同晾晒时间燕麦干草品质指标进行因子分析。采用 R 软件的 Performance Analytics 安装包对燕麦干草与表土微生物数量进行相关分析。

二、试验结果与分析

（一）不同晾晒时间燕麦干草营养成分差异分析

不同晾晒时间燕麦干草营养成分差异分析如表 8-1 所示，随着晾晒时间的延长，燕麦干草 DM 含量呈线性显著升高趋势（$P < 0.000\,1$）；晾晒至第 2 天 DM 含量较第 1 天增加了 8.51%，但差异不显著；晾晒至第 3 和 4 天，DM 含量分别为 59.74% 和 65.98%，二者差异不显著，但显著高于第 1 和 2 天；晾晒至第 5 天，燕麦 DM 含量为 76.11%，显著高于其他时间段。晾晒时间对 OM 含量影响无显著差异。随着晾晒时间的延长，燕麦干草 CP 含量呈线性显著降低趋势（$P = 0.009\,8$）；晾晒至第 5 天，燕麦干草 CP 含量为 10.71%，显著低于第 1 天，与其他时间无显著差异。随着晾晒时间的延长，燕麦干草 NDF 和 ADF 含量呈线性显著增加趋势（$P < 0.000\,1$）；其中，晾晒至第 4 和 5 天，燕麦干草 NDF 含量为 48.94%，显著高于其他时间段；晾晒第 1 天燕麦干草 ADF 含量为 22.30%，显著低于其他时间段。随着晾晒时间的延长，燕麦干草 ADL 含量呈线性显著增加趋势（$P = 0.000\,2$）；晾晒第 5 天燕麦干草 ADL 含量为 5.13%，显著高于晾晒第 1 天，与其他时间段无显著差异。随着晾晒时间的延长，燕麦干草纤维素（$P = 0.000\,3$）和半纤维素（$P < 0.000\,1$）

含量呈线性显著增加趋势。晾晒至第 4 和 5 天半纤维素含量显著高于其他时间段，而晾晒第 4 和 5 天的燕麦干草纤维素含量显著高于第 1 天，与其他时间段无显著差异。随着晾晒时间的延长，燕麦干草 EE 含量呈线性显著降低趋势，晾晒第 1 天的 EE 含量为 9.16%，与第 2 天无显著差异，但显著高于其他时间段。

表 8-1 不同晾晒时间燕麦干草营养成分差异分析

项目	晾晒时间（d）					SEM	P 值		
	1	2	3	4	5		线性	平方	立方
DM（%）	37.62[c]	46.13[c]	59.74[b]	65.98[b]	76.11[a]	2.19	<0.000 1	0.619 1	0.859 1
OM（%）	92.31[a]	92.56[a]	92.08[a]	92.49[a]	92.25[a]	0.21	0.764 1	0.899 0	0.910 3
CP（%）	11.48[a]	10.95[ab]	10.77[ab]	10.88[ab]	10.71[b]	0.18	0.009 8	0.149 6	0.283 9
NDF（%）	42.41[d]	43.99[c]	45.66[b]	48.45[b]	48.94[a]	0.35	<0.000 1	0.424 4	0.040 6
ADF（%）	22.30[b]	23.96[a]	24.13[a]	24.93[a]	25.48[a]	0.37	<0.000 1	0.256 8	0.298 6
ADL（%）	4.05[b]	4.40[ab]	4.71[ab]	4.74[ab]	5.13[a]	0.18	0.000 2	0.741 7	0.481 2
半纤维素（%）	20.11[b]	20.03[b]	21.53[b]	23.52[b]	23.46[a]	0.42	<0.000 1	0.740 3	0.011 8
纤维素（%）	18.26[b]	19.56[ab]	19.42[ab]	20.19[ab]	20.35[a]	0.36	0.000 3	0.318 2	0.469 8
EE（%）	9.16[a]	8.74[ab]	7.91[b]	5.71[b]	5.33[c]	0.20	<0.000 1	0.094 8	0.001 6

注：同行不同小写字母表示差异显著（P<0.05）。

（二）燕麦干草营养成分与晾晒时间因子分析

1. 特征值及信息量分析

由表 8-2 可知，第一个特征值为 4.892 1，其占总信息量的 97.84%，第二个特征值为 0.107 1，占总信息量的 2.14%，前两个特征值之和达到 4.999 1，占总信息量的 99.99%。因此，完全可以采用双公因子来表示 5 个晾晒时间的营养成分含量信息。

表 8-2 特征值及信息量

特征值编号	特征值	特征值之差	特征值信息量	累积信息量
1	4.892 1	4.785 0	0.978 4	0.978 4
2	0.107 1	0.106 6	0.021 4	0.999 9
3	0.000 5	0.000 3	0.000 1	1.000 0
4	0.000 2	0.000 2	0.000 0	1.000 0
5	0.000 02	—	0.000 0	1.000 0

2. 特征向量分析

由于分析过程采用默认的主成分分析，其特征向量主要反映的是主成分

（表8-3）。因此，表8-3中特征向量1即为第一主成分，特征向量2即为第二主成分。第一主成分为 $Prin1=0.4418Oat\text{-}1+0.4490Oat\text{-}2+0.4518Oat\text{-}3+0.4499Oat\text{-}4+0.4436Oat\text{-}5$，第二主成分为 $Prin2=0.6497Oat\text{-}1+0.3566Oat\text{-}2-0.1110Oat\text{-}3-0.3006Oat\text{-}4-0.5900Oat\text{-}5$。根据特征值的大小和递减的变化趋势，第一主成分能够说明晾晒时间下营养成分的变化情况。第二主成分特征值比较小（小于1），且第一主成分的信息已占到85%以上，采用第一主成分可以说明晾晒时间下的梯度信息。

表8-3　对应特征值的特征向量

晾晒时间	特征向量1	特征向量2
Oat-1	0.441 8	0.649 7
Oat-2	0.449 0	0.356 6
Oat-3	0.451 8	−0.111 0
Oat-4	0.449 9	−0.300 6
Oat-5	0.443 6	−0.590 0

3. 旋转前公因子分析

未经旋转的公因子模型见表8-4。由表可知，燕麦晾晒第1天用双公因子可以表示为 $Oat\text{-}1=0.9771F1+0.2126F2$，$Oat\text{-}2=0.9931F1+0.1167F2$，$Oat\text{-}3=0.9993F1-0.0363F2$，$Oat\text{-}4=0.9950F1-0.0984F2$，$Oat\text{-}5=0.9812F1-0.1931F2$，双因子对 $Oat\text{-}1$ 变量的方差贡献为 0.999 9。因此，采用 F1 和 F2 公因子可以解释 $Oat\text{-}1$ 99.99% 的信息，同样双因子可以解释 $Oat\text{-}2$、$Oat\text{-}3$、$Oat\text{-}4$ 和 $Oat\text{-}5$ 的信息量分别为 99.98%，99.98%，99.97% 和 99.99%。由此可见，保留 F1 和 F2 因子能够很好地解释晾晒时间梯度养分变化信息，但是难以解释不同晾晒时间的分类信息。

表8-4　公因子模型

晾晒时间	公因子1	公因子2	解释信息
Oat-1	0.977 1	0.212 6	0.999 9
Oat-2	0.993 1	0.116 7	0.999 8
Oat-3	0.999 3	−0.036 3	0.999 8
Oat-4	0.995 0	−0.098 4	0.999 7
Oat-5	0.981 2	−0.193 1	0.999 9

4. 旋转后的公因子分析

根据正交旋转矩阵（表8-5）计算得到的正交旋转后的双因子模型见表

8-6。不同晾晒时间处理可以采用双因子进行表示。采用双因子可以解释 Oat-1 99.99％的信息。同样双因子可以解释 Oat-2、Oat-3、Oat-4、Oat-5 的信息量分别为 99.98％、99.98％、99.97％、99.99％。由此可见，经过正交旋转后的 F1 和 F2 公因子能够很好地解释不同晾晒时间梯度燕麦的营养成分含量信息，同时也能很好地反映不同晾晒时间分类信息。首先根据晾晒时间在公因子上的相对重要性可知，第一公因子主要承载 Oat-3、Oat-4 和 Oat-5 的信息，第二公因子主要承载 Oat-1 和 Oat-2 的信息，因此，可以将晾晒时间分为两个阶段，即第一阶段的晾晒 1～2d，第二个阶段晾晒 3～5d。由于公因子分析基于燕麦养分含量，因此，这个分类不仅反映了晾晒时间的阶段性，也间接反映了燕麦干草的营养成分信息。

表 8-5　正交旋转矩阵

坐标	1	2
1	0.717 1	0.697 0
2	−0.697 0	0.717 1

表 8-6　正交旋转后的公因子模型

晾晒时间	公因子 1	公因子 2	解释信息
Oat-1	0.552 5	0.833 5	0.999 9
Oat-2	0.630 8	0.775 8	0.999 8
Oat-3	0.741 9	0.670 4	0.999 8
Oat-4	0.782 1	0.622 9	0.999 7
Oat-5	0.838 2	0.545 3	0.999 9

　　综合正交旋转前后因子模型可知，在没有正交旋转前，尽管因子模型能够很好地解释不同晾晒时间养分的含量信息，但是难以区分晾晒时间梯度上的分类情况；当采用正交旋转后，晾晒时间的分类信息能够被合理解释。因此，正交旋转过程是必要的。通过正交旋转，能够使晾晒时间梯度变量信息结构简单化，进而使晾晒时间梯度变量在同一公因子上有较大的载荷，而在其余公因子上的载荷较小，便于对公因子进行解释和变量分类。

5. 旋转前后公因子的承载信息及总信息比较

　　综合旋转前后公因子的承载信息及总信息量，汇总结果见表 8-7。第一公因子旋转前承载信息占总信息的 4.892 148 1/5＝97.84％，旋转后承载信息占总信息的 2.567 9/5＝51.36％，承载信息减少。第二公因子旋转全承载信息占总信息的 0.107 1/5 = 2.14%，旋转后承载信息占总信息的 2.431 4/5 = 48.63%，承载的信息增加。总信息变化不大，旋转前后分别为 99.98% 和 99.99%。由此可见，正交旋转后，第二公因子的作用增强，第一公因子的作用减弱，这一变化结果使得公因子对变量的解释和分类作用变得更加明显，但总信息量不会受到较大的影响。

表 8 - 7　正交旋转矩阵

状态	公因子 1	公因子 2	总信息
旋转前	4.892 1	0.107 1	0.999 8
旋转后	2.567 9	2.431 4	0.999 9

6. 晾晒时间对燕麦干草营养成分的影响程度

变量在各公因子上的标准化得分系数之和反映了变量对处理的影响程度。根据表 8 - 8 的分析结果，变量在公因子上的总得分依晾晒时间的延长而降低，这表明随着晾晒时间的延长，其对燕麦干草养分的影响减小。根据总得分也可以看到，晾晒时间延长，总得分呈线性降低的变化趋势，即当晾晒时间继续延长后，其对燕麦干草营养成分作用增加的幅度在下降。

表 8 - 8　标准化因子得分系数

晾晒时间	公因子 1	公因子 2	总得分
Oat-1	−1.240 1	1.562 5	0.322 4
Oat-2	−0.613 8	0.922 8	0.309 02
Oat-3	0.382 7	−0.100 7	−0.282 0
Oat-4	0.786 0	−0.516 9	−0.269 1
Oat-5	1.400 1	−1.152 9	−0.247 3

（三）燕麦干草营养品质指标相关分析

燕麦干草营养品质指标相关分析如图 8 - 1 所示，燕麦 DM 含量与 CP（$R = 0.48$，$P < 0.01$）和 EE（$R = 0.84$，$P < 0.001$）含量显著负相关，与纤维含量指标（NDF、ADF、ADL、HEM、CEL）显著正相关（$P < 0.001$）。燕麦干草 CP 含量与 EE 含量显著正相关（$R = 0.32$，$P < 0.05$），与其他指标都成负相关关系。

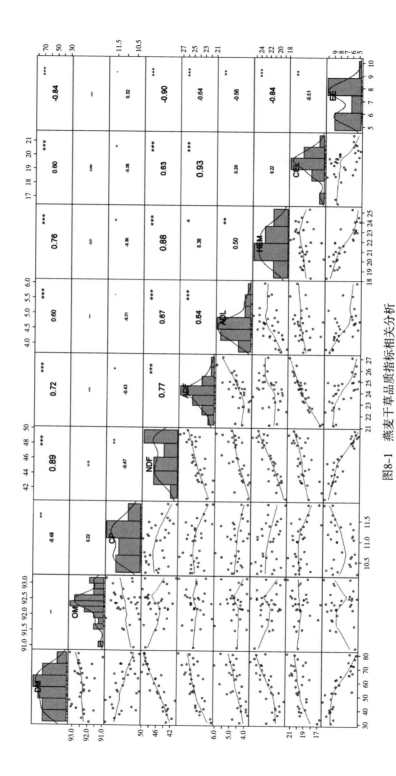

图8-1 燕麦干草品质指标相关分析

三、讨论与结论

(一) 讨论

干燥过程是一项复杂的热质传递过程，其目的是降低收获的粮食、饲草或者药材的水分，减弱呼吸作用，有效抑制霉变、虫害等，提高粮食的储藏时间（刘雄心，2012）。于㮢萍等（1996）研究认为，玉米在晾晒过程中，蛋白质、脂肪的含量变化不大，而淀粉随着晾晒时间的延长呈下降趋势。李子唯等（2017）认为三七在晾晒干燥过程中糖类物质随着晾晒时间的延长而升高。牧草在干燥过程中的营养损失，既包括牧草自身营养物质的分解，同时也包括机械、曝晒、雨淋、微生物等外界因素的影响。在牧草干燥过程中，自身营养物质的损耗占到营养总损耗的 15%～25%，Roybal 等（1990）研究发现，饲草自然晾晒的干燥时间与营养物质的损失成正相关关系，晾晒 1d 营养物质的损失率在 4%左右，干燥时间越长，叶绿素、胡萝卜素以及维生素 C 等物质的损失率就越大。李正春等（2005b）、刘忠宽等（2004b）认为，苜蓿干燥过程中呼吸作用可使饲草的温度升高，进而加剧其营养物质的分解，造成淀粉、蛋白质损失 5%～10%，如果采用人工方法使苜蓿含水量快速降低到 40%以下，加速细胞死亡，营养物质损失量可控制在 5%以内。干草含水量在 25%以上时，牧草养分的损失主要是由植物细胞的呼吸和微生物的活动造成的；干草调制贮藏过程中，潮湿的干草适宜霉菌大量繁殖，可产生过多的热量，引起牧草干物质、粗蛋白质等明显降低，从而使干草品质下降（Dulcet et al，2006；王成杰和玉柱，2009）。

牧草在干燥过程中，除了机械、微生物、雨淋等对营养物质造成损失外，还要受自身生理变化的影响（张春梅等，2013）。这一过程中，呼吸作用占主导地位，营养物质向着分解的方向进行，多糖降解为单糖，蛋白质水解为多肽、氨基酸等小分子物质，释放能量来维持其生理生化活动（成启明等，2018）。纤维是饲草重要的营养物质，成分主要分为纤维、半纤维、木质素等（李华，2008）。饲草中纤维含量越高，质地越坚硬粗糙，适口性越差，动物对其采食量较少，因此，牧草干燥以获得高蛋白、低纤维的干草为目标（史丽宏，2021）。贾玉山等（2013）认为干燥过程中苜蓿粗蛋白质含量总体呈下降趋势，干燥前期（生理作用），可造成苜蓿营养损失达 5%～10%，干燥后期粗蛋白质含量下降速度比前期更快；而 NDF、ADF 含量呈缓慢增加趋势；粗脂肪逐渐下降。本试验中随着晾晒时间的延长，燕麦干草 DM 和纤维含量呈线性显著升高趋势，其 CP 和 EE 含量显著降低，除自身营养物质的损耗外，其表面附着的大量微生物的生长繁殖过程中需要消耗养分，因而导致燕麦草营养品质下降。因水分是微生物活动的条件之一，晾晒初期，因燕麦草的含水量较高，微生物繁殖较多，对蛋白质的分解消耗较多，随着晾晒时间的延长，燕麦草水分含量逐渐降低，微生物对其品质的降低作用也在逐渐减弱（周栋昌等，2020），这一结果从燕麦干草品质与晾晒时间的因子分析结果可得到验证。李志强（2013）研究表明国产燕麦草抽穗期、乳熟期和开花期的 CP 含量分别为 15.5%、13.1%和 10.8%。本试验中燕麦草蜡熟期刈割时的 CP 含量为 11.48%，高于上述研究的燕麦开花期 CP 的结果，这可能是由于种植品种、区域和栽培管理措施等不同所致。

（二）小结

（1）随着晾晒时间的延长，燕麦干草 DM、NDF、ADF、ADL、纤维素、半纤维素含量呈线性显著增加趋势，而其 CP 和 EE 含量呈线性显著降低趋势。

（2）燕麦干草营养品质与晾晒时间的因子分析结果可知，可以将晾晒时间分为两个阶段，即第一阶段的晾晒 1~2 d，第二个阶段晾晒 3~5 d。随着晾晒时间的延长，其对燕麦干草营养成分作用增加的幅度在下降。

（3）燕麦 DM 含量与 CP（$R = 0.48$，$P < 0.01$）、EE（$R = 0.84$，$P < 0.001$）含量显著负相关，与纤维含量指标（NDF、ADF、ADL、HEM、CEL）显著正相关（$P < 0.001$）。燕麦干草 CP 含量与 EE 含量显著正相关 $R = 0.32$，$P < 0.05$），与其他指标都成负相关关系。

第二节　影响燕麦干草调制过程中品质变化与毒素积累的关键因子综合分析

一、典型相关关系

对燕麦微生物数量指标、表土微生物数量指标、燕麦附着真菌群落结构指标、表土附着真菌群落结构指标、燕麦霉菌毒素及其品质指标进行典型相关分析。该分析过程从 SAS9.2 调用 CANCORR 过程实现，通过典型相关系数和标准化典型变量，阐释变量和应变量之间的相互关系，依据多种相关结构进行分析，构建燕麦真菌群落结构、表土真菌群落结构、燕麦微生物数量、表土微生物数量、燕麦霉菌毒素及其品质多个指标之间的关系网。

二、试验结果与分析

（一）燕麦真菌群落与其微生物数量、品质和毒素的相关分析

燕麦真菌群落与其微生物数量、品质和毒素的相关分析结果如图 8-2 所示，燕麦附着优势真菌属 *Bulleromyces* 与营养品质中 5 个指标（DM、NDF、ADF、ADL、HEM）指标和 4 种微生物数量成显著负相关，与营养品质中 2 个指标（EE 和 CP）成显著正相关。燕麦附着优势真菌属 *Sarocladium* 和

Gibellulopsis 与微生物数量、品质和毒素相关指标无显著相关关系。燕麦附着优势真菌 *Microdochium* 属与营养品质中 3 个指标（NDF、ADL、HEM）和 3 种微生物数量（酵母菌、好氧细菌、大肠菌群）成显著正相关，与 EE 含量显著负相关。燕麦附着优势真菌属 *Cryptococcus* 与营养品质中 2 个指标（ADL、NDF）和 3 种微生物数量（好氧细菌、霉菌和酵母菌）成显著负相关。燕麦附着优势真菌属 *Alternaria* 只有霉菌显著正相关。燕麦附着优势真菌属 *Plectosphaerella* 与营养品质中 3 个指标（DM、ADF、CEL）成显著正相关，与 2 种微生物数量（好氧细菌和大肠菌群）成显著正相关，但与 EE 含量成显著负相关。上述燕麦 7 种主要优势菌与 5 种毒素含量无显著相关关系。

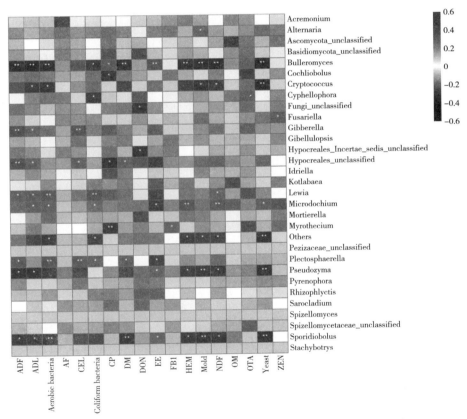

图 8-2　燕麦真菌群落与其微生物数量、品质和毒素的相关关系

（二）燕麦微生物数量与其品质和毒素的相关关系

　　霉菌数量与黄曲霉毒素（AF）显著正相关，而与 CP 含量显著负相关。4 种微生物数量与 EE 显著负相关。4 种微生物数量与 DM、ADF、NDF、ADL 和

HEM 含量显著正相关。好氧细菌和大肠菌群数量与 CEL 显著正相关（图 8-3）。

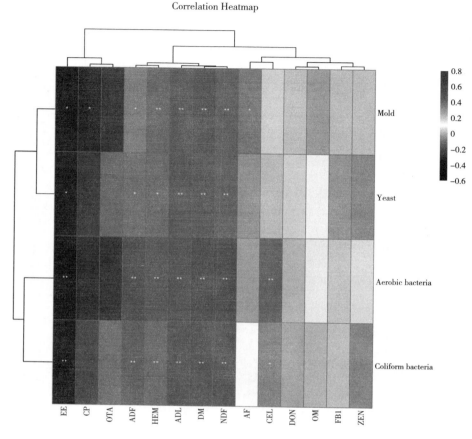

图 8-3 燕麦微生物数量与其品质和毒素的相关关系

（三）燕麦霉菌毒素与营养品质的相关关系

燕麦霉菌毒素与营养品质的相关关系如图 8-4 所示，燕麦 CP 含量与赭曲霉毒素含量显著正相关，与黄曲霉毒素含量显著负相关。

（四）典型相关分析

以燕麦微生物数量指标为第一组变量（霉菌、酵母菌、大肠菌群和好氧细菌），土壤微生物数量为第二组变量（霉菌、酵母菌、大肠菌群和好氧细菌），燕麦真菌群落结构指标为第三组变量（真菌属丰度值前 10 的物种），表土真菌群落结构指标为第四组变量（真菌属丰度值前 10 的物种），燕麦霉菌毒素指标为第五组变量（ZEN、DON、FB、OAT、AF），品质指标为第六组变量（DM、OM、CP、NDF、ADF），对其进行典型相关分析（图 8-5）。通过分

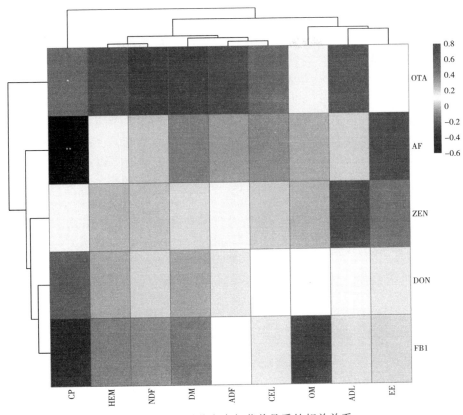

图 8-4 燕麦霉菌毒素与营养品质的相关关系

析得知，燕麦微生物数量指标和土壤微生物数量指标的第一典型相关系数为
0.832 5，其所对应的检验总体中所有典型相关均为 0 的零假设的概率水平为
0.002 3，而第二典型相关系数为 0.416 2，其所对应的检验总体中所有典型相
关均为 0 的零假设的概率水平为 0.536 7。因此，在 0.05 的显著性水平下，只
有一个典型相关是显著的。根据 1 层典型相关关系，分别与燕麦真菌群落结构
指标、表土真菌群落结构指标、燕麦霉菌毒素指标和品质指标进行典型相关分
析，其结果如下：表土微生物数量与燕麦微生物数量存在极显著的相关关系
（相关系数为 0.832 5，$P<0.001$）。根据典型变量系数可知，燕麦微生物数量
组主要承载大肠菌群、酵母菌和霉菌信息，土壤微生物数量组主要承载霉菌和
大肠菌群信息。因此，燕麦大肠菌群与表土大肠菌群成正相关，燕麦霉菌与表
土的霉菌成负相关。表土微生物数量与燕麦真菌群落结构存在显著的相关关系
（相关系数为 0.530 8，$P<0.01$）。根据典型变量系数可知，燕麦真菌群落结

构主要承载真菌属有 *Bulleromyces*、*Microdochium* 和 *Sarocladium*，表土霉菌数量与燕麦真菌属 *Bulleromyces*、*Microdochium* 和 *Sarocladium* 属成正相关。表土真菌群落与燕麦真菌群落结构存在显著的相关关系（相关系数为0.617 8，$P<0.001$）。根据典型变量系数可知，表土真菌群落结构组主要承载的真菌属有 *Alternaria*、*Cochliobolus* 和 *Myrothecium*，因此，燕麦真菌属 *Bulleromyces*、*Microdochium* 和 *Sarocladium* 与表土真菌属 *Alternaria*、*Cochliobolus* 和 *Myrothecium* 成正相关。表土真菌群落与燕麦霉菌毒素存在显著的相关关系（相关系数为0.446 4，$P<0.01$）。根据典型变量系数可知，燕麦霉菌毒素组主要承载赭曲霉毒素（OTA）和黄曲霉毒素（AF）。因此，表土 *Alternaria*、*Cochliobolus* 和 *Myrothecium* 与燕麦赭曲霉毒素和黄曲霉毒素成正相关。燕麦微生物数量与燕麦真菌群落存在极显著的相关关系（相关系数为0.586 7，$P<0.001$）。根据典型变量系数可知，燕麦 *Bulleromyces*、*Microdochium* 和 *Sarocladium* 与燕麦酵母菌和好氧细菌成正相关，但与其霉菌和大肠菌群成负相关。燕麦霉菌毒素与其品质指标存在显著相关关系（相关系数为0.5187，$P<0.01$）。根据典型变量系数可知，燕麦品质指标主要承载有机质和粗蛋白质，因此，燕麦黄曲霉毒素与燕麦粗蛋白质含量成显著负相关。

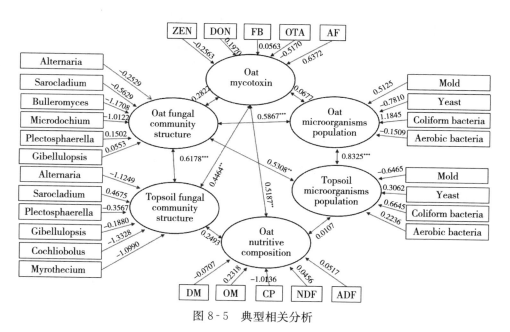

图 8-5　典型相关分析

三、结论

（1）燕麦附着优势真菌属 *Bulleromyces* 与其 EE 和 CP 含量显著正相关，而与其 DM、NDF、ADF、ADL、HEM 以及 4 种微生物数量（霉菌、酵母菌、大肠菌群和好氧细菌）成显著负相关。燕麦附着优势真菌属 *Cryptococcus* 与其 ADL、NDF 含量以及 3 种微生物数量（好氧细菌、霉菌和酵母菌）成显著负相关。燕麦真菌属 *Microdochium* 和 *Plectosphaerella* 与其纤维、好氧细菌和大肠菌群指标成显著正相关，但与 EE 含量成显著负相关。

（2）霉菌数量与黄曲霉毒素（AF）显著正相关，而与 CP 含量显著负相关。

（3）表土微生物数量与燕麦微生物数量存在极显著的相关关系（相关系数为 0.832 5，$P<0.001$），表现为燕麦大肠菌群与表土大肠菌群成正相关，燕麦霉菌数量与表土的霉菌数量成负相关。

（4）表土微生物数量与燕麦真菌群落结构存在显著的相关关系（相关系数为 0.530 8，$P<0.01$），表现为表土霉菌数量与燕麦 *Bulleromyces* 属、*Microdochium* 属和 *Sarocladium* 属成正相关。

（5）表土真菌群落与燕麦真菌群落结构存在显著的相关关系（相关系数为 0.617 8，$P<0.001$），表现为燕麦真菌属 *Bulleromyces*、*Microdochium* 和 *Sarocladium* 与表土真菌属 *Alternaria*、*Cochliobolus* 和 *Myrothecium* 成正相关。

（6）燕麦微生物数量与燕麦真菌群落存在极显著的相关关系（相关系数为 0.586 7，$P<0.001$），表现为燕麦真菌属 *Bulleromyces*、*Microdochium* 和 *Sarocladium* 与燕麦酵母菌和好氧细菌成正相关，但与其霉菌和大肠菌群成负相关。

（7）表土真菌群落与燕麦霉菌毒素存在显著的相关关系（相关系数为 0.446 4，$P<0.01$），表现为表土真菌属 *Alternaria*、*Cochliobolus* 和 *Myrothecium* 与燕麦赭曲霉毒素和黄曲霉毒素成正相关。

（8）燕麦霉菌毒素与其品质指标存在显著相关关系（相关系数为 0.518 7，$P<0.01$），表现为燕麦黄曲霉毒素与其粗蛋白质含量成显著负相关。

安渊，李博，扬持，等，2001. 内蒙古大针茅草原草地生产力及其可持续利用研究Ⅰ. 放牧系统植物地上现存量动态研究［J］. 草业学报（2）：22-27.

敖志刚，陈代文，2008. 2006—2007 年中国饲料及饲料原料霉菌毒素污染调查报告［J］. 中国畜牧兽医（1）：152-156.

白廷军，杨茁萌，2015. 燕麦干草的生产与利用［J］. 中国奶牛（18）：26-28.

白永飞，李德新，许志信，等，1999. 牧压梯度对克氏针茅生长和繁殖的影响［J］. 生态学报（4）：479.

包锦泽，孙志强，陆健，等，2021. 不同混合比例和青贮时间对紫花苜蓿与甜高粱混贮品质的影响［J］. 饲料工业，42（1）：43-47.

曹彩红，田雅楠，赵立群，等，2022. 结球莴苣产量与主要农艺性状的相关性及灰色关联度分析［J］. 中国种业（8）：110-115.

柴继宽，慕平，赵桂琴，2016. 8 个燕麦品种在甘肃的产量稳定性及试点代表性研究［J］. 草地学报，24（5）：1100-1107.

陈莉敏，赵国敏，廖兴勇，等，2016. 川西北 7 个燕麦品种产量及营养成分比较分析［J］. 草业与畜牧（2）：19-23.

陈文雪，2018. 中国北方不同区域苜蓿干草营养价值分析与安全性评价［D］. 郑州：河南农业大学.

成启明，格根图，尹强，等，2018. 苜蓿干草捆安全贮藏条件的研究［J］. 草业学报，27（5）：190-200.

崔彪，王继彤，张晓峰，等，2022. 影响全株玉米青贮饲料质量的因素及质量评价方法［J］. 中国饲料（7）：116-121.

崔雄雄，侯扶江，常生华，等，2018. 高寒牧区两个燕麦品种的产量与品质比较［J］. 草业科学，35（6）：1489-1495.

单伶俐，刘斌，2017. 饲料中霉菌毒素的污染及防控措施［J］. 山东畜牧兽医，38（6）：74-75.

杜建强，杨世昆，刘贵林，等，2013. 牧草太阳能干燥优质化处理工艺［J］. 农业工程，3（1）：44-47.

冯克宽，曾家豫，王明谊，等，1997. 酵母菌发酵产蛋白质条件的研究［J］. 西北民族学院学报（1）：35-37.

高东明，罗钢，2020. 干燥参数对苜蓿各含水率阶段干燥特性及能耗的影响［J］. 江苏大学学报（自然科学版），41（6）：685-693.

郭兴燕，2016. 宁夏引黄灌区燕麦品种筛选与综合评价［D］. 银川：宁夏大学.

郭媛珍，2021. 不同添加剂对谷子秸秆青贮品质的影响［D］. 晋中：山西农业大学.

韩红燕，赵启南，贾淑萍，等，2022. 含水量和添加剂对饲用谷子青贮营养成分和发酵品质的影响［J］. 畜牧与饲料科学，43（3）：30-35.

韩建鑫，2016. 原花青素对玉米赤霉烯酮致小鼠肝肾损伤的保护作用［D］. 沈阳：沈阳农业大学.

何啸峰，2017. 液相色谱串联质谱法在检测食品霉菌毒素中的应用［J］. 现代食品（24）：56-58.

何志军，于海洋，陈志龙，等，2018. 宁南山区不同引进饲草青贮品质评价［J］. 畜牧与饲料科学，39（6）：55-58，77.

贺亮，郑文，刘玉峰，等，2017. 赭曲霉毒素 a 研究进展［J］. 中国草食动物科学，37（5）：59-61.

贺忠勇，2015. 燕麦干草在奶牛生产中的优势及应用［J］. 中国奶牛（17）：12-15.

侯龙鱼，朱泽义，杨杰，等，2019. 我国饲草用燕麦现状、问题和潜力［J］. 西南民族大学学报（自然科学版），45（3）：248-253.

胡兰，2001. 谷物中的霉菌及霉菌毒素［J］. 辽宁农业科学（2）：35-37.

贾玉山，格根图，2013. 中国北方草产品［M］. 北京：科学出版社：68-70.

姜慧新，柏杉杉，吴波，等，2021. 22 个燕麦品种在黄淮海地区的农艺性状与饲草品质综合评价［J］. 草业学报，30（1）：140-149.

琚泽亮，赵桂琴，柴继宽，等，2019. 不同燕麦品种在甘肃中部的营养价值及青贮发酵品质综合评价［J］. 草业学报，28（9）：77-86.

邝肖，季婧，梁文学，等，2018. 北方寒区紫花苜蓿/无芒雀麦混播比例和刈割时期对青贮品质的影响［J］. 草业学报，27（12）：187-198.

李华，2008. 粗饲料中纤维素、半纤维素酶解测定方法的研究与评价［D］. 乌鲁木齐：新疆农业大学.

李晶，刘彦明，张成君，等，2023. 不同燕麦品种产量和品质及饲喂性能综合评价［J/OL］. 草地学报：1-15.

李乔仙，张美艳，薛世明，等，2021. 全株大麦拉伸膜裹包青贮营养成分及发酵品质动态变化研究［J］. 家畜生态学报，42（1）：46-51.

李荣荣，江迪，田朋姣，等，2020. 贮藏温度和青贮时间对高水分苜蓿青贮发酵品质的影响［J］. 草业科学，37（10）：2125-2132.

李树，童莉葛，王立，2006. 减少苜蓿茎和叶干燥速率差异的实验研究［J］. 北京科技大学学报（4）：383-387.

李正春，杨永林，马中文，2005. 如何调制品质优良的苜蓿干草［J］. 草业科学，22（11）：58-59.

李志强，2013. 燕麦干草质量评价［J］. 中国奶牛（19）：1-3.

李子唯，崔秀明，张磊，等，2017. 三七晾晒干燥过程生理生化变化研究［J］. 中药材，

40（2）：328-333.

梁琪，2019.7 种饲草不同生育期木质纤维素及饲用评价［D］.晋中：山西农业大学.

刘波，2020.国内饲料和饲料原料霉菌毒素污染情况及脱毒剂产品的应用［D］.北京：中国农业大学.

刘辉，卜登攀，吕中旺，等，2015.凋萎和不同添加剂对紫花苜蓿青贮品质的影响［J］.草业学报（5）：126-133

刘会省，王彦明，任文秀，2021.燕麦营养成分研究进展［J］.现代食品（6）：127-130，141.

刘建新，杨振海，叶均安，等，1999.青贮饲料的合理调制与质量评定标准［J］.饲料工业，3：4～7.

刘杰，罗黎鸣，王玉辉，等，2021.西藏燕麦青贮技术的研究进展［J］.西藏农业科技，43（4）：71-74

刘青松，贾艳丽，肖宇，等，2022.河北东部平原区饲用燕麦适应性评价研究［J］.黑龙江畜牧兽医（3）：102-106.

刘夏琳，2020.四个饲用燕麦品种在晋北农牧交错带的农艺性状和品质比较分析［D］.晋中：山西农业大学.

刘雄心，2012.粮食干燥新技术研究［J］.包装与食品机械，30（2）：57-61.

刘彦明，南铭，边芳，等，2018.11 个饲草燕麦品种在甘肃中部干旱半干旱地区的种植表现［J］.甘肃农业科技（9）：56-60.

刘鹰昊，2018.苜蓿干草捆品质对加工方式与贮藏条件响应机制的研究［D］.呼和浩特：内蒙古农业大学.

刘忠宽，王艳芬，汪诗平，等，2004.不同干燥失水方式对牧草营养品质影响的研究［J］.草业学报（3）：47-51.

罗安雄，2018.燕麦在甘肃不同生态区的生产性能及营养品质研究［D］.兰州：甘肃农业大学.

罗健科，贾启彪，2023.不同青贮添加剂对燕麦青贮营养品质的影响［J］.天津农林科技（1）：20-22，38.

马春晖，韩建国，2000.燕麦单播及其与箭筈豌豆混播草地最佳刈割期的研究［J］.草食家畜（3）：42-45.

马晓刚，任有成，王显萍，2004.发展燕麦生产在青海经济和生态建设中的作用［J］.作物杂志（5）：9-11.

马燕，孙国君，2016.苜蓿青贮过程中霉菌毒素含量变化初探［J］.饲料研究（1）：1-3.

蒙淑芳，许庆方，玉柱，等，2009.霉菌毒素对饲草料的污染［J］.畜牧与饲料科学，30（9）：39-40.

娜娜，2018.田间调制技术对苜蓿干燥速率及营养品质的影响［D］.呼和浩特：内蒙古农业大学.

南铭，景芳，边芳，等，2020.6 个裸燕麦品种在甘肃中部引洮灌区的生产性能及饲用价值比较［J］.草地学报，28（6）：1635-1642.

南铭，李晶，赵桂琴，等，2022. 茎秆基部节间特性和木质素合成与燕麦抗倒伏的关系
[J]. 草业学报，31（11）：172-180.

潘美娟，2012. 燕麦草、羊草及其组合 Tmr 日粮对奶牛瘤胃消化代谢的影响 [D]. 南京：
南京农业大学.

裴彩霞，2001. 不同收获期和干燥方法对牧草 Wsc 等营养成分的影响 [D]. 晋中：山西农
业大学.

裴彩霞，董宽虎，范华，2002. 不同刈割期和干燥方法对牧草营养成分含量的影响 [J].
中国草地（1）：33-38.

裴世春，李妍，高建伟，等，2018. 采收期谷物中真菌毒素产毒菌的筛选鉴定 [J]. 食品
科学，39（10）：312-317.

彭先琴，周青平，刘文辉，等，2018. 川西北高寒地区 6 个燕麦品种生长特性的比较分析
[J]. 草业科学，35（5）：1208-1217.

钱旺，2012. 苜蓿草收贮工艺及装备的试验研究 [D]. 北京：中国农业机械化科学研究院.

任丽娟，陈雅坤，单丽燕，等，2021. 基于主成分和灰色关联度对全株玉米青贮综合品质
的分析 [J]. 中国畜牧兽医，48（4）：1211-1221.

桑丹，孙海洲，付晓峰，等，2010. 燕麦青干草营养成分分析及活体外瘤胃发酵参数测定
[J]. 畜牧与饲料科学，31（5）：45-46.

石庆楠，2017. 谷物中霉菌毒素的研究进展 [J]. 现代食品（5）：47-49.

史丽宏，2021. 浅谈粗纤维在动物生产中的应用 [J]. 吉林畜牧兽医，42（1）：66-68.

史威威，徐玉青，张涛，等，2020. 通过灰色关联度综合评价筛选饲用高粱的引种最适品
种和最佳收获时间 [J]. 中国奶牛（12）：10-13.

史莹华，王成章，孙宇，等，2006. 饲料中霉菌毒素的危害及其控制 [J]. 河南农业大学
学报（6）：683-686.

宋词，黄小涛，石国玺，等，2021. 播期对青藏高原燕麦生长和饲草品质的影响 [J]. 草
地学报，29（S1）：121-127.

宋磊，2020. 新疆不同收获期燕麦青贮品质研究 [D]. 石河子：石河子大学.

孙桂菊，王少康，王加生，2005. 伏马菌素 B_1 和黄曲霉毒素 B_1 对大鼠的联合毒性
[J]. 毒理学杂志（S1）：186.

孙建平，董宽虎，蒯晓妍，等，2017. 晋北农牧交错区引进燕麦品种生产性能及饲用价值
比较 [J]. 草业学报，26（11）：222-230.

孙雷雷，2021. 贮藏条件和时间对河西地区苜蓿干草品质的影响 [D]. 兰州：甘肃农业
大学.

孙庆运，2020. 杂交狼尾草干燥特性及高温热风快速干燥设备设计研究 [D]. 北京：中国
农业大学.

孙庆运，王光辉，王德成，等，2018. 巨菌草高温快速干燥设备设计与试验 [J]. 农业机
械学报，49（9）：338-345.

唐如雪，田蓉，年雪妍，等，2022. 添加菜籽壳对甜玉米秸秆青贮品质的影响 [J]. 饲料
研究，45（2）：83-87.

唐艳仪，周玥琳，揭红东，等，2022. 黑曲霉菌液对苎麻副产物与水稻秸秆混合青贮的影响 [J]. 湖南农业科学（8）：70-73.

田伟娜，2019. 干燥温度对紫花苜蓿干燥速率及营养成分的影响研究 [D]. 呼和浩特：内蒙古农业大学.

童永尚，刘耀峰，徐长林，等，2021. 播期对半干旱区 7 个燕麦品种产量和品质的影响 [J]. 草业科学，38（11）：2221-2236.

童永尚，鱼小军，等，2021. 天祝高寒区播期对 7 个燕麦品种饲草产量及品质的影响 [J]. 草地学报，29（5）：1094-1106.

王成杰，玉柱，2009. 干草防腐剂研究进展 [J]. 草原与草坪（2）：77-81.

王国强，刘耀东，段胜，2019. 2019 年上半年饲料及饲料原料霉菌毒素污染及调查报告 [J]. 养猪（6）：17-20.

王慧，杨富，姜超，等，2021. 燕麦品种（系）的营养品质综合评价 [J]. 麦类作物学报，41（2）：203-211.

王慧婷，于卓，卢倩倩，等，2023. 基于转录组测序的高丹草可溶性碳水化合物相关差异表达基因分析 [J/OL]. 分子植物育种：1-15

王建英，2010. 四重滚筒牧草干燥机工艺研究及附属设备设计 [D]. 哈尔滨：东北农业大学.

王晶晶，童莉葛，王立，2007. 湿度对紫花苜蓿干燥速率的影响 [J]. 草原与草坪（3）：17-24.

王亮亮，胡跃高，关鸣，2011. 燕麦青干草和东北羊草对奶牛产奶量及乳成分的影响 [J]. 中国奶牛（23）：43-44.

王林，孙启忠，张慧杰，2011. 苜蓿与玉米混贮质量研究 [J]. 草业学报，20（4）：202-209.

王柳英，1998. 燕麦品种性状变异的研究 [J]. 草业科学（3）：20-23.

王茜，李志坚，李晶，等，2019. 不同类型燕麦农艺和饲草品质性状分析 [J]. 草业学报，28（12）：149-158.

王青，戴思兰，何晶，等，2012. 灰色关联法和层次分析法在盆栽多头小菊株系选择中的应用 [J]. 中国农业科学，45（17）：3653-3666.

王赛，2017. 播期对燕麦和豌豆营养成分及瘤胃降解率的影响 [D]. 哈尔滨：东北农业大学.

王士芬，乐毅全，2005. 环境微生物学 [M]. 北京：化学工业出版社.

王守经，胡鹏，张奇志，等. 畜禽饲料黄曲霉毒素的污染及其控制技术 [J]. 农产品加工（10）：37-39.

王文明，陈红意，赵满全，2015. 提高紫花苜蓿热风干燥品质的工艺参数优化 [J]. 农业工程学报，31（S1）：337-345.

王旭哲，2019. 紧实度及收获期对全株玉米青贮品质及霉菌毒素的影响研究 [D]. 石河子：石河子大学.

王彦超，宋磊，张凡凡，等，2020. 不同燕麦品种生育期农艺性状、生产性能及品质的比较［J］．新疆农业科学，57（2）：254-263．

王怡净，张立实，2002．玉米赤霉烯酮毒性研究进展［J］．中国食品卫生杂志（5）：40-43．

魏晓斌，殷国梅，薛艳林，等，2019．添加乳酸菌和纤维素酶对紫花苜蓿青贮品质的影响
　　［J］．中国草地学报，41（6）：86-90．

吴建忠，李绥艳，林红，等，2021．不同青贮玉米品种品质性状比较研究［J］．畜牧与饲
　　料科学，42（2）：48-51．

吴庆宇，孙芸，杨晶晶，等，2022．北方寒区温度对苜蓿青贮的发酵品质及营养成分影响
　　［J］．饲料工业，43（15）：28-34．

吴亚，张卫红，陈鸣晖，等，2018．不同品种燕麦在扬州地区的生产性能［J］．草业科学，
　　35（7）：1728-1733．

武俊英，刘景辉，王怀栋，等，2011．不同燕麦品种产量及其与构成因素的相关性研究
　　［J］．作物杂志（5）：36-40．

邢义莹，张智勇，赵利梅，等，2015．不同磷浓度对燕麦幼苗生物量及磷素营养的影响
　　［J］．内蒙古农业科技，43（4）：27-28，33．

徐玖亮，温馨，刁现民，等，2021．我国主要谷类杂粮的营养价值及保健功能［J］．粮食
　　与饲料工业（1）：27-35．

徐欣然，2021．西南地区高产优质饲用燕麦种质资源筛选［D］．成都：成都大学．

闫天芳，魏臻武，王爱华，等，2020．8份燕麦材料在江淮地区生产性能及饲用价值评价
　　［J］．中国草地学报，42（3）：111-118．

杨恒山，曹敏建，郑庆福，等，2004．刈割次数对紫花苜蓿草产量、品质及根的影响［J］．
　　作物杂志（2）：33-34．

杨敏，徐树花，饶雄，等，2023．乌蒙山冷凉山区饲用燕麦农艺性状与营养品质评价［J/OL］．
　　草地学报：1-11．

杨尚谕，2022．收获时期20种燕麦品种性状以及加工前后营养价值研究［D］．哈尔滨：
　　东北林业大学．

杨晓飞，2007．四川地区主要饲料霉菌毒素分布规律的研究［D］．雅安：四川农业大学．

杨新宇，崔嘉，吴峰洋，等，2017．玉米赤霉烯酮的毒性及脱毒技术的研究进展［J］．饲
　　料研究，（24）：5-10．

杨信，李布勇，范小平，等．饲料中隐蔽呕吐毒素研究进展［J］．中国饲料（21）：7-10．

易中华，吴兴利，2009．饲料中常见霉菌毒素间的毒性互作效应［J］．饲料研究（1）：
　　15-18．

尹强，2013．苜蓿干草调制贮藏技术时空异质性研究［D］．呼和浩特：内蒙古农业大学．

于徊萍，陈建欣，1996．烘干玉米中几种重要酶活性的变化与玉米质量分析［J］．吉林粮
　　食高等专科学校学报（4）：1-3．

于小娟，胡玉金，刘润进，2017．真菌与植物共生机制研究进展［J］．微生物学杂志，37
　　（1）：98-104．

余成群，荣辉，孙维，等，2010．干草调制与贮存技术的研究进展［J］．草业科学，27
　　（8）：143-150．

岳晓禹，2009. 稻谷中黄曲霉及霉菌生长预测模型的研究［D］. 北京：中国农业大学.

张春梅，施传信，瞿红侠，等. 压扁处理对紫花苜蓿干草品质影响的研究［J］. 黑龙江畜牧兽医（9）：80-82.

张阁，孙翠丽，彭永，等. 16SrRNA基因高通量测序方法检测奶牛场常用干草表面微生物群落结构及多样性［J］. 微生物学通报，44（12）：2847-2855.

张国芳，李潮流，岳俊芳，2003. 苜蓿干草调制及质量评定标准［J］. 农业新技术，21（6）：16-17.

张国辉，何瑞国，齐德生，2004. 饲料中黄曲霉毒素脱毒研究进展［J］. 中国饲料（16）：36-38.

张丽英，2007. 饲料分析及饲料质量检测技术［M］. 北京：中国农业大学出版社.

张庆，2016. 饲草青贮用乳酸菌的筛选及作用机理［D］. 北京：中国农业大学.

张雪蕾，张庆丽，陈青，等，2018. 纤维素酶对饲用苎麻青贮品质及饲用价值的影响［J］. 饲料研究，41（6）：33-37.

张悦，2020. 构树青贮和燕麦干草对奶牛泌乳性能、瘤胃发酵及血液代谢的影响［D］. 北京：中国农业大学.

赵桂琴，慕平，魏黎明，2007. 饲用燕麦研究进展［J］. 草业学报，16（4）：116-125.

赵世锋，巴图巴根，任长忠，等，2015. 阿旗草用燕麦生产调查及种植前景分析［J］. 农学学报，5（12）：86-93.

赵世锋，田长叶，陈淑萍，等，2005. 草用燕麦品种适宜刈割期的确定［J］. 华北农学报（S1）：132-134.

折维俊，2021. 鄂尔多斯地区燕麦品种筛选与饲用价值评价［D］. 呼和浩特：内蒙古农业大学.

郑鸿丹，2016. 不同品种和生育期燕麦干草质量评价及近红外反射光谱测定方法的研究［D］. 北京：中国农业大学.

周栋昌，张榕，张贞明，等，2020. 防腐剂在苜蓿干草捆调制中的应用研究［J］. 中国草食动物科学，40（3）：22-26.

周建川，雷元培，王利通，等，2018. 2017年中国饲料原料及配合饲料中霉菌毒素污染调查报告［J］. 饲料工业，39（11）：52-56.

周启龙，2021. 西藏阿里19个燕麦引进品种的灰色关联度评价［J］. 作物杂志（1）：26-31.

周瑞，2016. 饲粮中燕麦干草含量对绵羊营养物质消化代谢及瘤胃微生物区系的影响［D］. 兰州：甘肃农业大学.

庄克章，吴荣华，张春艳，等，2022. 11个饲用燕麦品种在鲁南地区的生产性能评价［J］. 作物研究，36（4）：313-319，326.

祖晓伟，孟君丽，王丽娟，等，2022. 裹包苜蓿青贮制作技术要点［J］. 北方牧业（18）：26.

Abrar M，Anjum F M，Butt M S，et al，2013. Aflatoxins：biosynthesis，occurrence，toxicity，and remedies［J］. Critical reviews in food science and nutrition，53（8）：

862-874.

Asian A, Okamoto M, Yoshihira T, et al, 1997. Effect of ensiling with acremonium cellulase, lactic acid bacterial and formic acid on tissue structure of timothy and alfalfa [J]. Asian-Australasian Journal of Animal Sciences, 10 (6): 593-598.

Alonso V A, Pereyra C M, Keller L A M, et al, 2013. Fungi and mycotoxins in silage: an overview [J]. Journal of Applied Microbiology, 115 (3): 637-643.

Ayed-Boussema I, Bouaziz C, Rjiba K, et al, 2008. The mycotoxin Zearalenone induces apoptosis in human hepatocytes (HepG2) via p53-dependent mitochondrial signaling pathway [J]. Toxicology in vitro, 22 (7): 1671-1680.

Bacon C W, Porter J K, Norred W P, et al, 1996. Production of fusaric acid by Fusarium species [J]. Applied and Environmental Microbiology, 62 (11): 4039-4043.

Baholet D, Kolackova I, Kalhotka L, et al, 2019. Effect of species, fertilization and harvest date on microbial composition and mycotoxin content in forage [J]. Agriculture, 9 (5): 102.

Banerjee S, Kirkby C A, Schmutter D, et al, 2016. Network analysis reveals functional redundancy and keystone taxa amongst bacterial and fungal communities during organic matter decomposition in an arable soil [J]. Soil Biology and Biochemistry, 97: 188-198.

Battacone G, Nudda A, Palomba M, et al, 2005. Transfer of aflatoxin B1 from feed to milk and from milk to curd and whey in dairy sheep fed artificially contaminated concentrates [J]. Journal of dairy science, 88 (9): 3063-3069.

Bennett J W, Klich M, 2003. Mycotoxins [J]. Clinical Microbiology Reviews, 16 (3): 497-516.

Binder E M, 2007. Managing the risk of mycotoxins in modern feed production [J]. Animal feed science and technology (1-2): 149-166.

Brien M O, Kiely P O, Forristal P D, et al, 2008. Fungal contamination of big-bale grass silage on irish farms: predominant mould and yeast species and features of bales and silage [J]. Grass and forage science (1): 121-137.

Broderica G A K J H, 1980. Automated simultaneous determination of ammonia and amino acids in ruminal fluid and in vitro media [J]. Journal of dairy science, 63 (1): 64-75.

Bryden W L, 2012. Mycotoxin contamination of the feed supply chain: implications for animal productivity and feed security [J]. Animal Feed Science and Technology, 173 (1-2): 134-158.

Buckley T, Creighton A, Fogarty U, 2007. Analysis of Canadian and Irish forage, oats and commercially available equine concentrate feed for pathogenic fungi and mycotoxins [J]. Irish Veterinary Journal, 60 (4): 231-236.

Caporaso J G, Kuczynski J, Stombaugh J, et al, 2010. QIIME allows analysis of high-throughput community sequencing data [J]. Nature methods, 7 (5): 335-336.

Cheli F, Campagnoli A, Dell' Orto V, 2013. Fungal populations and mycotoxins in silages:

from occurrence to analysis [J] . Animal Feed Science and Technology, 183 (1-2): 1-16.

Chen L, Bai S, You M, et al, 2020. Effect of a low temperature tolerant lactic acid bacteria inoculant on the fermentation quality and bacterial community of oat round bale silage [J]. Animal Feed Science and Technology, 269: 114669.

Cogan T, Hawkey R, Higgie E, et al, 2017. Silage and total mixed ration hygienic quality on commercial farms: Implications for animal production [J] . Grass and Forage Science, 72 (4): 601-613.

Council N R, 2001. Nutrient requirements of dairy cattle [J] . National Research, 319.

Dalcin E, Jackson P W, 2018. A Network-wide visualization of the implementation of the Global Strategy for Plant Conservation in Brazil [J] . Rodriguesia, 69: 1613-1639.

Deng Y, Jiang Y H, Yang Y, et al, 2012. Molecular ecological network analyses [J] . BMC bioinformatics, 13: 1-20.

Driehuis F, Spanjer M C, Scholten J M, et al, 2008. Occurrence of mycotoxins in maize, grass and wheat silage for dairy cattle in the Netherlands [J] . Food Additives and Contaminants, 1 (1): 41-50.

Dulcet E, Kaszkowiak J, Borowski S, et al, 2006. Effects of microbiological additive on baled wet hay [J] . Biosystems engineering, 95 (3): 379-384.

Eckard S, Wettstein F E, Forrer H R, et al, 2011. Incidence of Fusarium species and mycotoxins in silage maize [J] . Toxins, 3 (8): 949-967.

Edgar R C, 2010. Search and clustering orders of magnitude faster than BLAST [J]. Bioinformatics, 26 (19): 2460-2461.

Edgar R C, 2013. UPARSE: highly accurate OTU sequences from microbial amplicon reads [J] . Nature methods, 10 (10): 996-998.

Faust K, Raes J, 2012. Microbial interactions: from networks to models [J] . Nature Reviews Microbiology, 10 (8): 538-550.

Fink-Gremmels J, 2008. Mycotoxins in cattle feeds and carry-over to dairy milk: A review [J] . Food Additives and Contaminants, 25 (2): 172-180.

Gallo A, Ghilardelli F, Atzori A S, et al, 2021. Co-occurrence of regulated and emerging mycotoxins in corn silage: Relationships with fermentation quality and bacterial communities [J] . Toxins, 13 (3): 232.

Gesudu Q, Zheng Y, Xi X, et al, 2016. Investigating bacterial population structure and dynamics in traditional koumiss from Inner Mongolia using single molecule real-time sequencing [J] . Journal of dairy science, 99 (10): 7852-7863.

Ghosheh H Z, Bsoul E Y, Abdullah A Y, 2005. Utilization of alfalfa (*Medicago sativa* L.) as a smother crop in field corn (*Zea mays* L.) [J] . Journal of Sustainable Agriculture, 25 (1): 5-17.

Greco D, D' Ascanio V, Abbasciano M, et al, 2022. Simultaneous Removal of Mycotoxins by a New Feed Additive Containing a Tri-Octahedral Smectite Mixed with Lignocellulose

[J] . Toxins, 14 (6): 393.

Grenier B, Oswald I, 2011. Mycotoxin co-contamination of food and feed: meta-analysis of publications describing toxicological interactions [J] . World Mycotoxin Journal, 4 (3): 285-313.

Jaenicke S, Ander C, Bekel T, et al, 2011. Comparative and joint analysis of two metagenomic datasets from a biogas fermenter obtained by 454-pyrosequencing [J] . PloS one, 6 (1): e14519.

Kemboi D C, Antonissen G, Ochieng P E, et al, 2020. A review of the impact of mycotoxins on dairy cattle health: Challenges for food safety and dairy production in sub-Saharan Africa [J] . Toxins, 12 (4): 222.

Kennedy D G, Hewitt S A, McEvoy J D G, et al, 1998. Zeranol is formed from *Fusarium* spp. toxins in cattle in vivo [J] . Food Additives & Contaminants, 15 (4): 393-400.

Koech O K, Kinuthia R N, Karuku G N, et al, 2016. Field curing methods and storage duration affect the quality of hay from six rangeland grass species in Kenya [J] . Ecological processes, 5 (1): 1-6.

Kroulik J T, Burkey L A, Wiseman H G, 1955. The microbial populations of the green plant and of the cut forage prior to ensiling [J] . Journal of Dairy Science, 38 (3): 256-262.

Langille M G I, Zaneveld J, Caporaso J G, et al, 2013. Predictive functional profiling of microbial communities using 16S rRNA marker gene sequences [J] . Nature biotechnology, 31 (9): 814-821.

Li X, Chen F, Wang X, et al, 2021. Impacts of low temperature and ensiling period on the bacterial community of oat silage by SMRT [J] . Microorganisms, 9 (2): 274.

Li Z, Wright A D G, Liu H, et al, 2015. Bacterial community composition and fermentation patterns in the rumen of sika deer (*Cervus nippon*) fed three different diets [J] . Microbial ecology, 69: 307-318.

Liu Y, Wu F, 2010. Global burden of aflatoxin-induced hepatocellular carcinoma: a risk assessment [J] . Environmental health perspectives, 118 (6): 818-824.

Loi M, Fanelli F, Liuzzi V C, et al, 2017. Mycotoxin biotransformation by native and commercial enzymes: Present and future perspectives [J] . Toxins, 9 (4): 111.

Looft T, Johnson T A, Allen H K, et al, 2012. In-feed antibiotic effects on the swine intestinal microbiome [J] . Proceedings of the National Academy of Sciences, 109 (5): 1691-1696.

Magoc T, Salzberg S L, 2011. FLASH: fast length adjustment of short reads to improve genome assemblies [J] . Bioinformatics, 27 (21): 2957-2963.

Mansfield M A, De Wolf E D, Kuldau G A, 2005. Relationships between weather conditions, agronomic practices, and fermentation characteristics with deoxynivalenol content in fresh and ensiled maize [J] . Plant disease, 89 (11): 1151-1157.

Mansfield M A, Jones A D, Kuldau G A, 2008. Contamination of fresh and ensiled maize by multiple Penicillium mycotoxins ［J］. Phytopathology, 98 (3): 330-336.

Mansfield M A, Kuldau G A, 2007. Microbiological and molecular determination of mycobiota in fresh and ensiled maize silage ［J］. Mycologia, 99 (2): 269-278.

Marczuk J, Obremski K, Lutnicki K, et al, 2012. Zearalenone and deoxynivalenol mycotoxicosis in dairy cattle herds ［J］. Polish Journal of Veterinary Sciences, 15 (2): 365-372.

Mathur S, Constable P D, Eppley R M, et al, 2001. Fumonisin B1 is hepatotoxic and nephrotoxic in milk-fed calves ［J］. Toxicological Sciences, 60 (2): 385-396.

McCabe M S, Cormican P, Keogh K, et al, 2015. Illumina MiSeq phylogenetic amplicon sequencing shows a large reduction of an uncharacterised Succinivibrionaceae and an increase of the *Methanobrevibacter gottschalkii* clade in feed restricted cattle ［J］. PloS one, 10 (7): e0133234.

Neher D A, Weicht T R, Bates S T, et al, 2013. Changes in bacterial and fungal communities across compost recipes, preparation methods, and composting times ［J］. PloS one, 8 (11): e79512.

Nguyen P A, Strub C, Fontana A, et al, 2017. Crop molds and mycotoxins: Alternative management using biocontrol ［J］. Biological Control, 104: 10-27.

Ogunade I M, Martinez-Tuppia C, Queiroz O C M, et al, 2018. Silage review: Mycotoxins in silage: Occurrence, effects, prevention, and mitigation ［J］. Journal of dairy science, 101 (5): 4034-4059.

Pantaya D, Morgavi D P, Silberberg M, et al, 2016. Bioavailability of aflatoxin B1 and ochratoxin A, but not fumonisin B1 or deoxynivalenol, is increased in starch-induced low ruminal pH in nonlactating dairy cows ［J］. Journal of dairy science, 99 (12): 9759-9767.

Qiu X, Zhou G, Zhang J, et al, 2019. Microbial community responses tobiochar addition when a green waste and manure mix are composted: A molecular ecological network analysis ［J］. Bioresource technology, 273: 666-671.

Reyneri A, 2006. The role of climatic condition on micotoxin production in cereal ［J］. Veterinary research communications, 30: 87.

Richard E, Heutte N, Bouchart V, et al, 2009. Evaluation of fungal contamination and mycotoxin production in maize silage ［J］. Animal Feed Science and Technology, 148 (2-4): 309-320.

Richard J Ly, 2007. Some major mycotoxins and theirmycotoxicoses—An overview ［J］. International journal of food microbiolog, 119 (1-2): 3-10.

Rodrigues I, Naehrer K, 2012. A three-year survey on the worldwide occurrence of mycotoxins in feedstuffs and feed ［J］. Toxins, 4 (9): 663-675.

Schenck J, Müller C, Djurle A, et al, 2019. Occurrence of filamentous fungi and mycotoxins in wrapped forages in Sweden and Norway and their relation to chemical composition and management ［J］. Grass and Forage Science, 74 (4): 613-625.

Skladanka J, Adam V, Dolezal P, et al, 2013. How do grass species, season and ensiling influence mycotoxin content in forage? [J]. International journal of environmental research and public health, 10 (11): 6084-6095.

Storm I M D, Sørensen J L, Rasmussen R R, et al, 2008. Mycotoxins in silage [J]. Stewart Postharvest Review, 4 (6): 1-12.

Storm I M L D, Kristensen N B, Raun B M L, et al, 2010. Dynamics in the microbiology of maize silage during whole - season storage [J]. Journal of Applied Microbiology, 109 (3): 1017-1026.

Sumarah M W, Miller J D, Blackwell B A, 2005. Isolation and metabolite production by *Penicillium roqueforti*, *P. paneum* and *P. crustosum* isolated in Canada [J]. Mycopathologia, 159: 571-577.

Teller R S, Schmidt R J, Whitlow L W, et al, 2012. Effect of physical damage to ears of corn before harvest and treatment with various additives on the concentration of mycotoxins, silage fermentation, and aerobic stability of corn silage [J]. Journal of dairy science, 95 (3): 1428-1436.

Tessari E N C, Oliveira C A F, Cardoso A, et al, 2006. Effects of aflatoxin B1 and fumonisin B1 on body weight, antibody titres and histology of broiler chicks [J]. British poultry science, 47 (3): 357-364.

Thomas J W, Moore L A, Okamoto M, et al, 1961. A study of factors affecting rate of intake of heifers fed silage [J]. Journal of Dairy Science, 44 (8): 1471-1483.

Trenholm H L, Thompson B K, Foster B C, et ale, 1994. Effects of feeding diets containing *Fusarium* (naturally) contaminated wheat or pure deoxynivalenol (DON) in growing pigs [J]. Canadian Journal of Animal Scienc, 74 (2): 361-369.

Tulayakul P, Sakuda S, Dong K S, et al, 2005. Comparative activities of glutathione-S-transferase and dialdehyde reductase toward aflatoxin B1 in livers of experimental and farm animals [J]. Toxicon, 46 (2): 204-209.

Vagnoni D B, Broderick G A, 1997. Effects of supplementation of energy or ruminally undegraded protein to lactating cows fed alfalfa hay or silage [J]. Journal of Dairy Science, 80 (8): 1703-1712.

Van Soest P J, Robertson J B, Lewis B A, 1991. Methods for dietary fiber, neutral detergent fiber, andnonstarch polysaccharides in relation to animal nutrition [J]. Journal of dairy science, 74 (10): 3583-3597.

Vaughn D L, Viands D R, Lowe C C, 1990. Nutritive value and forage yield of alfalfa synthetics under three harvest - management systems [J]. Crop science, 30 (3): 699-703.

Vila-Donat P, Marín S, Sanchis V, et al, 2018. A review of the mycotoxin adsorbing agents, with an emphasis on their multi-binding capacity, for animal feed decontamination [J]. Food and chemical toxicology, 114: 246-259.

Wang C, Sun L, Xu H, et al, 2021. Microbial communities, metabolites, fermentation quality and aerobic stability of whole-plant corn silage collected from family farms in desert steppe of North China [J]. Processes, 9 (5): 784.

Wang S, Li J, Zhao J, et al, 2022. Effect of epiphytic microbiota from napiergrass and Sudan grass on fermentation characteristics and bacterial community in oat silage [J]. Journal of Applied Microbiology, 132 (2): 919-932.

Wang S, Zhao J, Dong Z, et al, 2020. Sequencing and microbiota transplantation to determine the role of microbiota on the fermentation type of oat silage [J]. Bioresource Technology, 309: 123371.

Wu Q, Jezkova A, Yuan Z, et al, 2009. Biological degradation of aflatoxins [J]. Drug metabolism reviews, 41 (1): 1-7.

Yazar S, Omurtag G Z, 2008. Fumonisins, trichothecenes and zearalenone in cereals [J]. International Journal of Molecular Sciences, 9 (11): 2062-2090.

Yiannikouris A, Jouany J P, 2002. Mycotoxins in feeds and their fate in animals: a review [J]. Animal Research, 51 (2): 81-99.

Yuan X, Wen A, Wang J, et al, 2016. Effects of ethanol, molasses and *Lactobacillus plantarum* on the fermentation quality, *in vitro* digestibility and aerobic stability of total mixed ration silages in the Tibetan plateau of China [J]. Animal ScienceJourna, 87 (5): 681-689.

Zachariasova M, Dzuman Z, Veprikova Z, et al, 2014. Occurrence of multiple mycotoxins in European feedingstuffs, assessment of dietary intake by farm animals [J]. Animal Feed Science and Technology, 193: 124-140.

Zhang C, Liu G, Xue S, et al, 2016. Soil bacterial community dynamics reflect changes in plant community and soil properties during the secondary succession of abandoned farmland in the Loess Plateau [J]. Soil Biology and Biochemistry, 97: 40-49.

Zhou J, Bruns M A, Tiedje J M, 1996. DNA recovery from soils of diverse composition [J]. Applied and Environmental Microbiology, 62 (2): 316-322.

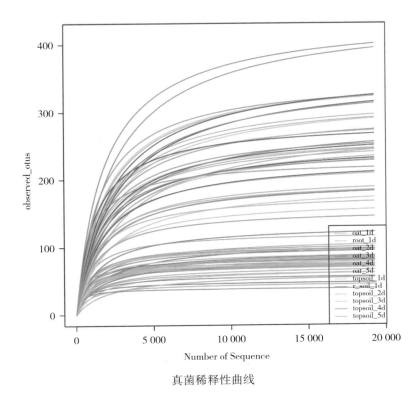

真菌稀释性曲线

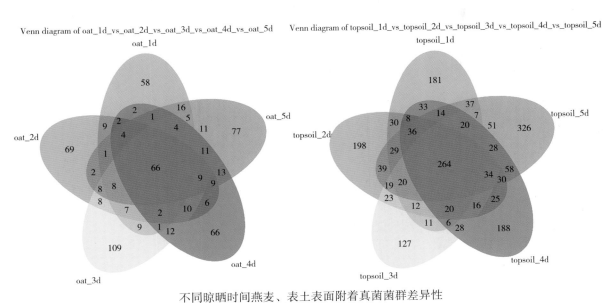

Venn diagram of oat_1d_vs_oat_2d_vs_oat_3d_vs_oat_4d_vs_oat_5d

Venn diagram of topsoil_1d_vs_topsoil_2d_vs_topsoil_3d_vs_topsoil_4d_vs_topsoil_5d

不同晾晒时间燕麦、表土表面附着真菌菌群差异性

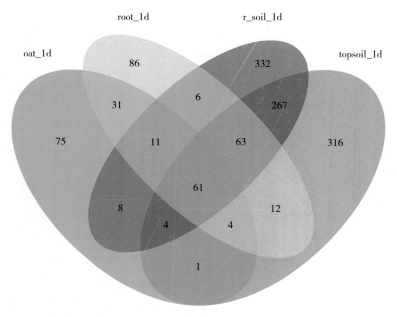

晾晒第 1 天燕麦、根、表土和根土表面附着真菌群落韦恩图

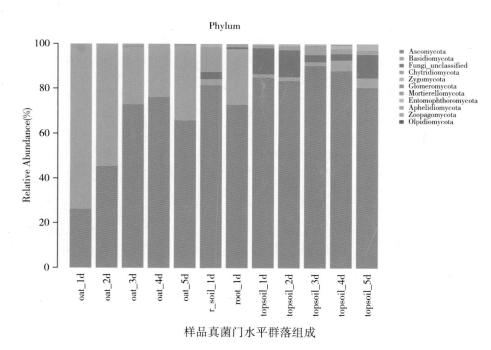

样品真菌门水平群落组成

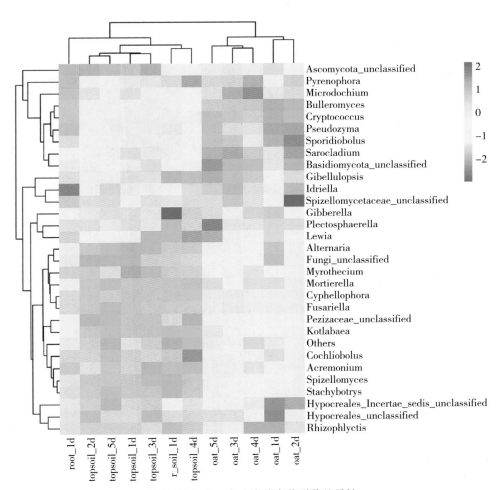

晾晒 5 d 燕麦、表土附着真菌群落差异性

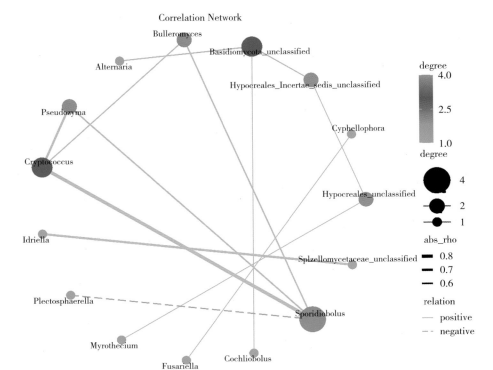

燕麦真菌群落属水平相关关系

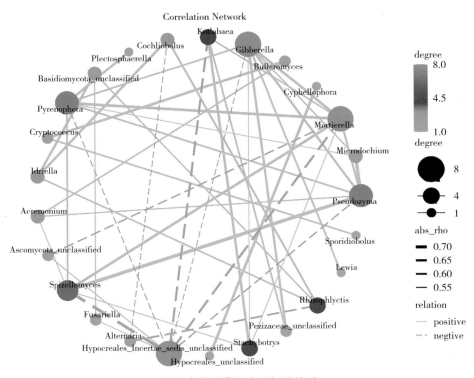

表土真菌群落属水平相关关系

NMDS Analysis（Stress=0.08）

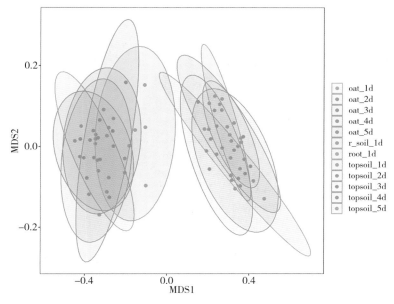

oat_1d
oat_2d
oat_3d
oat_4d
oat_5d
r_soil_1d
root_1d
topsoil_1d
topsoil_2d
topsoil_3d
topsoil_4d
topsoil_5d

不同晾晒时间真菌群落分布

Cladogram

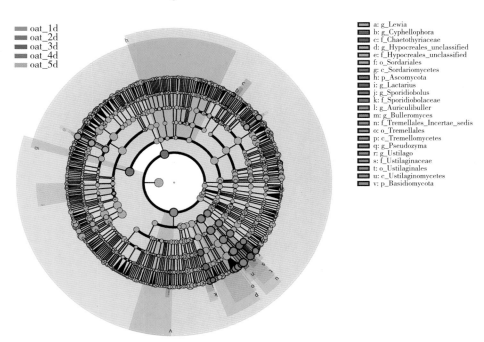

oat_1d
oat_2d
oat_3d
oat_4d
oat_5d

a: g_Lewia
b: g_Cyphellophora
c: f_Chaetothyriaceae
d: g_Hypocreales_unclassified
e: f_Hypocreales_unclassified
f: o_Sordariales
g: c_Sordariomycetes
h: p_Ascomycota
i: g_Lactarius
j: g_Sporidiobolus
k: f_Sporidiobolaceae
l: g_Auriculibuller
m: g_Bulleromyces
n: f_Tremellales_Incertae_sedis
o: o_Tremellales
p: c_Tremellomycetes
q: g_Pseudozyma
r: g_Ustilago
s: f_Ustilaginaceae
t: o_Ustilaginales
u: c_Ustilaginomycetes
v: p_Basidiomycota

燕麦不同晾晒时间进化分支图

Cladogram

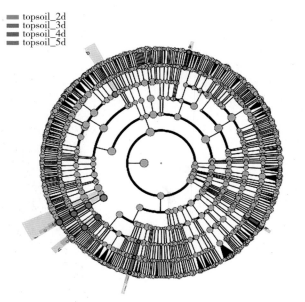

表土不同晾晒时间进化分支图

Correlation Heatmap

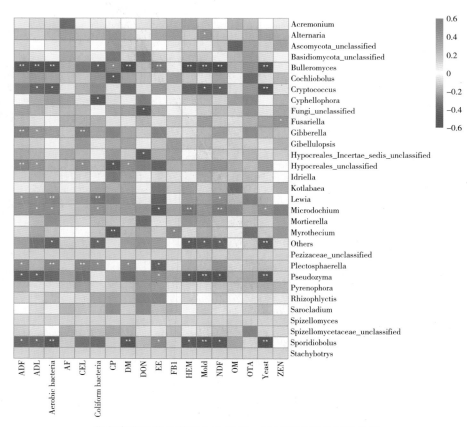

燕麦真菌群落与其微生物数量、品质和毒素的相关关系

Correlation Heatmap

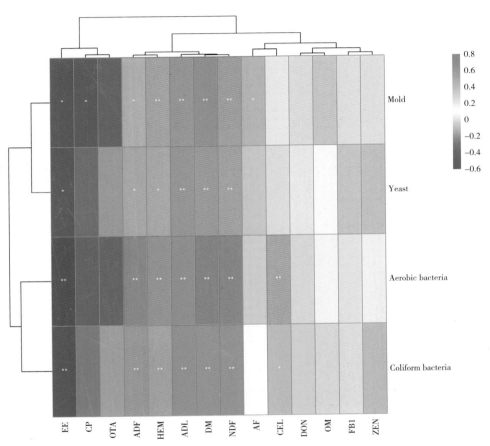

燕麦微生物数量与其品质和毒素的相关关系

Correlation Heatmap

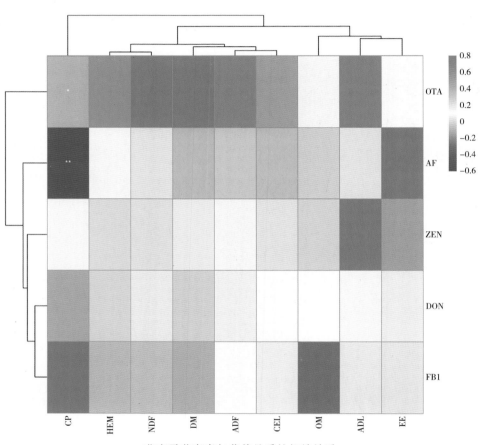

燕麦霉菌毒素与营养品质的相关关系